FORTUNE MAKEUP

# 微整型開運彩妝

## 推薦序 01

賢隸張鈺珠小姐和吾人學習人相學十六年了，鈺珠勤學認真、不斷自我充實，數年前已首創時尚、流年與五形五官開運彩妝三大理論，而今，再度將人相學和彩妝、微整型合而為一，開創人相學、開運彩妝與醫美微整型界的新里程。

祝鈺珠《微整型開運彩妝》新書上市成功，洛陽紙貴，名利雙收。

人相學大師　蕭湘居士

## 推薦序 02

鈺珠老師集專業彩妝師、人相學專家、國畫家、專業講師等多重身分於一身，受到各大壽險公司、銀行、學校、扶輪社、醫美診所等機構邀約不斷，也是各大國際彩妝品牌競相邀約的專業講師，她首創華人世界之獨特開運彩妝學，並出版《時尚開運彩妝》、《流年開運彩妝》、《五形五官開運彩妝》等一系列開運彩妝書，無論在命理面相界與彩妝界都擁有極高的評價。很高興鈺珠再度發表創新著作——《微整型開運彩妝》，祝福鈺珠新書上市熱銷，這是女性的一大福音，預祝大家開運又美麗。

知名命理師　江柏樂

推薦序 03

鈺珠是一位認真的專業彩妝講師，因緣際會和人相學一代宗師蕭湘居士學習人相學近二十年，她成功將人相學、彩妝與醫美結合，廣受華人世界的肯定。目前可說是空中飛人，在兩岸地區的醫美整型診所演講、分享人相學，十分令人敬佩。鈺珠本身也非常重視保養，經常定期來麥茵茲醫美診所進行保養療程，隨時保持好氣色，因而工作運勢極佳、演講邀約不斷。這幾年，鈺珠出版了許多開運彩妝著作，今年全新的著作《微整型開運彩妝》，對讀者來說更是一大福音，她將自身的醫美保養經驗與個人專業完美結合，且不藏私地分享給所有愛美的讀者，讓大家輕鬆擁有醫美與開運彩妝的專業知識，真的是一大福音。

醫美女王　黃美月博士

推薦序 04

認識鈺珠老師已經是好幾年前的事情了，在我從事節目製作這麼多年以來，接觸多位的命理開運老師，鈺珠老師是我見過，最富有正面能量與正氣磁場的老師。在命理界，有的是會看命理面相，但是不會彩妝；有的是會畫彩妝造型，但是無法將人的五官面相研究深入透澈，鈺珠老師在這方面則非常用心認真，在面相鑽研方面，她不僅是蕭湘居士叩頭女弟子，鈺珠老師自己在彩妝技藝方面也常常出國進修，而且陳述面相學的理論時，都是以很科學、有邏輯的方式一一呈現，一點也不迷信。鈺珠老師書籍內容，教導我們藉由自身小小的改變，可以讓自己的氣色更好，招得更好的人緣……我想鈺珠老師費了很大的工夫，在面相彩妝，她授課學生時採用淺顯易懂的教學模式，讓每一位學生都可以輕鬆自在地有所改變……相信鈺珠老師此書一定成為微整型開運彩妝學的鉅作，將可以解開面相學的神祕奧妙，讓每一個人都更有自信，更能開創光明美滿人生。

華視「健康最前線生活好幸福」製作人與主持　陳力瑜

推薦序 05

認識鈺珠老師已有十餘載，她是一個認真、好學、堅韌的美麗女人，不管做任何事，都有著很好的心態。每次講課培訓，都是抱著學習交流的態度，把每一次出書都視為一個新的開始，一段新的體驗。將愛好做成了事業，這個女人活成了自己喜歡的樣子。

鈺珠老師經過多年鑽研與印證，習得傳統人相學精髓，且在彩妝領域卓有建樹。雖有面相開運大師之盛名，卻始終將造福大眾之精神奉為立身之本。張鈺珠老師以人相學之論結合醫美理念，輔以彩妝開運，推動「相理美」的理念，惠及眾多愛美人士。她所提出的「彩妝面相開運」理論，也是國內眾多醫美機構開運相學習常運用的審美指導標竿。

幾千年來面相、斷風水在師徒間口耳相傳，人相學在論斷人的健康、性格、運程上以其獨特的魅力征服了世界。張鈺珠老師會在此書中為大家深度解讀剖析，希望會有更多的人來關心、研究「相理美」這門學說，並將此發揚光大。面相是一個人所具有的獨特氣質，和他內心所想而表現於人臉上的各種資訊，「相理美」就是根據臉上所呈現的形與色來論斷其吉凶的。人的相貌各有特點，愈來愈多的人都希望自己看上去更美，所以往往通過醫學美容的手段，來改變自己的外表容貌，以達到「美」的效果。而這些方法改善的只是「相貌」之中的「貌」，僅僅以「美」為目的。如果要進一步改造人的運勢，就需要從「相」上來下工夫。「貌」好未必「相」好，「紅顏薄命」就是這個道理。所以，我們還要看看鈺珠老師是如何運用「微整型開運彩妝」，來彌補面相上的不足，強化個人能量，讓你逢凶化吉，時來運轉。

瑜芳個人愚見，一個人是否有能力，不一定能一眼看出，但「美色」卻是最直接的硬實力，顏值高多少還是會占據優勢的。如果你把你的精神與思想，智慧和顏值，運用得當，它就是你一生的財富。今天之後，人生路上無數可能，希望我們的顏值和內涵齊飛，幸福著彼此的幸福。

台灣博思美醫諮詢培訓機構創始人　陳瑜芳老師

## 推薦序 06

聽到鈺珠老師要出第六本書了真高興，也替讀者開心，大家有福了。和鈺珠老師認識將近二十年，鈺珠老師不僅愈來愈年輕且體力又好。我們都是蕭湘居士的入室叩頭弟子，至今已十七年了，我們還是在老師家研究人相學，鈺珠老師非常認真鑽研人相學，書本的筆記都寫得密密麻麻，是蕭湘老師的得意門生。如今，鈺珠已經是兩岸三地的紅人了，非常忙碌，可是為了美的藝術，她學了十幾年的國畫還是不間斷，尤其牡丹畫得真美。我們兩人既是同行，又是同門師兄弟，平日非常有話聊，而且能互相精進。鈺珠能成功完全就是靠努力、毅力，所有事情都專一不間斷，久了就專業了。注意看鈺珠老師的臉相，嘴巴在相理美長得非常好，最少能再走二十年的好運。

在這裡祝福美麗的鈺珠老師人生幸福、天天快樂、知音滿天下、書本大賣。

國際美容師　葉珺雯 

## 推薦序 07

認識鈺珠姐好多年了，她是全球華人界裡正統開運人相彩妝論數第一人，出了許多著作如《時尚開運彩妝》、《流年開運彩妝》、《五形五官開運彩妝》等等著作，造福大眾，受到肯定，有口皆碑。最近，鈺珠姐又有新的著作《微整型開運彩妝》，讀者真的有福了，這是一本每位想要愛美又開運的朋友的最佳選擇，好書推薦給大家，祝福新書暢銷大賣，姐加油！

知名藝人　邱琦雯 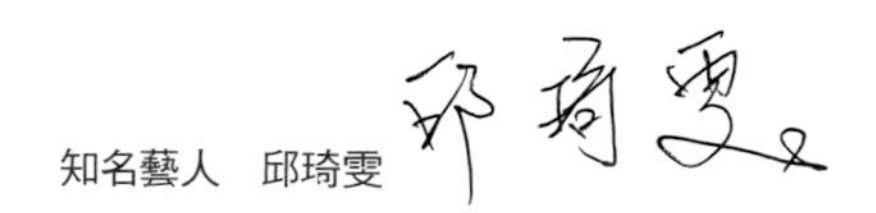

# 嶄新的時尚開運化妝

鈺珠與雅書堂出版社合作的一系列開運彩妝書包括了：《時尚開運彩妝》、《流年開運彩妝》、《五形五官開運彩妝》，這些年來廣受好評，不僅是華人史上最完整結合人相學理論的開運彩妝書系，也是鈺珠近年來巡迴演講與授課的最佳支柱。

## 突破專業框架，創新開運彩妝

時隔四年，再度投身著作，實因來自人相學各方先進與同好的鼓勵，以及廣大讀者與醫美團隊及客戶的催生。如何在既有且完整的開運彩妝理論之外，推出嶄新的觀點，讓鈺珠苦思良久，除了顧及醫美微整的實際效果，也要兼顧「相理美」與時尚感，更重要的是從「人相學」原有的架構中突破、創新，以期自我超越與自我實現，並在人相學界與時尚彩妝專業界博得一致肯定。

幾經思量，鈺珠終於在2016年底有了較明確的方向，在面相十二宮《時尚開運彩妝》，面相七十五部位流年法《流年開運彩妝》，面相五形與五官相法《五形五官開運彩妝》之外，結合專業化妝中的四季彩妝理論，與人相學中的四季月令氣色相法，發表了全新的「時序&微整型開運化妝」；最重要的是提出了人相學上首創的——「人生七大防線」理論，結合獨特的開運彩妝技法開創財源，幫助讀者守穩個人財庫。

## 開運眉形的創新與回歸

創新與回歸，是本書最重要的概念。在創新的微整型開運彩妝大前提下，鈺珠也回歸到早期開運化妝的重點基礎——眉毛，利用改變眉形達到快速開運及媲美微整型級的快速美顏效果。回想濃眉盛行的1980年代，鈺珠也曾經趕上潮流，在臉龐紋上了兩道濃濃的眉毛，待時尚界回歸自然彩妝風潮時，每每化妝就面臨諸多困擾，所幸求助於醫美診所，如今才得以擁有每日清早自在畫眉的樂趣。而鈺珠練就的一身修眉與畫眉功力，長久以來受到專業彩妝界高度肯定，有口皆碑。

因此，本書中鈺珠以大篇幅的版面介紹開運眉形。有別於坊間其他彩妝書的眉妝，鈺珠將時尚眉形、人相學及微整型療程，結合成六大公式，讀者只要掌握住這六大畫眉原則，就能達到類醫美療程等級的微調效果。期盼以最簡易的彩妝技巧，協助您改善人際關係，助您如願開運。

## 感恩，再感恩

將近二十年人相學的資歷，一路以來，鈺珠特別感謝恩師蕭湘居士多年來的關照，讓我在學相的過程中受益良多，從首部創作《時尚開運彩妝》、《流年開運彩妝》、《五形五官開運彩妝》，至今的《微整型開運彩妝》，不斷給予鈺珠指正與鼓勵。感恩李福道師兄，在本書「七大防線」主題中，全力給予協助與諮詢。感謝江名萓師姐在本書「四季與月令」主題中，不吝幫助鈺珠解惑。當然，還有周志川、柯鍾煌等眾多人相學與命理名師，全力提供諮詢與支持，人相學會眾多師兄師姐鼎力相助，以及世界文化總會對於鈺珠新著作的肯定並頒贈〈正能量詩〉，鈺珠在此一併致上最高的敬意與最大的謝意。

〈正能量詩〉

微整型開運彩妝，

轉運財運添健康，

消紋去斑人人美，

張鈺珠送正能量。

——世界文化總會頒贈於2016年

文末，再次感謝雅書堂出版社發行人詹先生與蔡總編輯，多年來對鈺珠的支持與鼓勵，在出版業最艱困的臉書與個人媒體新時代，依然全力相挺，仍然相信鈺珠的著作必能贏得廣大讀者回響，為社會大眾造福。在此，鈺珠致上最真誠的敬意與感恩之心，備覺榮幸能夠與雅書堂攜手，共同為這個社會增添美好的閱讀書香。

張鈺珠

# 目　次

## Part 3

### 【深入篇】七大防線的微整型開運彩妝



## Part 4

### 【專業篇】快速微整型彩妝：改變眉形

# 醫美話題與相理美

愛美是人的天性，每一個女人都希望自己愈來愈美，在時下資訊爆炸的個人媒體新年代，使得愛美的意念彷彿強大的黑洞，永無止境。這些年來，鈺珠在國內外各大醫美診所演講走透透，深深體會「愛美」一事，對於整個社會經濟發展有著極大的貢獻，也見識到醫美微整型不僅改善了人的外表，也能療癒心靈，讓人自信心倍增。

## 美化外在形象「補心補相」

學習人相學多年以來，綜觀不同的人生，鈺珠發現，你平常有什麼樣的扮相，就有著什麼樣的人生際遇和命運，換句話說，就是世上大多數的人，仍然是「以貌取人」。外貌是人際磁場的首要根基，而化妝造型，甚至是整容、醫美微整型對外貌所產生的改變，直接及間接影響了個人心情、人際磁場與運勢。這一種透過外表的改變影響自己與旁人的心態，因而轉變待人接物的人際關係，從而獲得自信和力量，能讓命運發揮良性的變化。也就是一種人相學上所謂的「補心補相」。

隨著醫療的進步，從動刀整容到醫美微整型，不僅改變外貌的效果愈來愈自然，價格也愈來愈親民，使得微整型在大都會中，彷彿已成為一種普及的全民運動。長期在各大醫美診所與愛美的男女面對面洽談，鈺珠觀察到前往醫美診所求助的客人，以35至60歲最多，儘管調整容貌的目的是為了保持青春、更加美麗，大多數的人也期望面貌的改變能改善運勢，尤其是期待在財運、事業、桃花、健康、貴人方面能增加正面能量。但，令人擔心的是，相理美與普世的審美觀並非完全一致，也就是說容貌改變了，運勢究竟是否能達到預期的目的呢？

## 依「相理美」觀點微調局部面相

唯有瞭解面相，才能真正讓醫美微整型（或整型）幫助自己改善命運。舉例來說，鼻子是面相中的「財帛宮」，有著挺拔修長的鼻樑的人事業強、有毅力，擁有圓潤的鼻準頭，且鼻翼分明的人財庫豐厚。但是，大多數人卻喜歡小巧而微翹的鼻準頭，以及不明顯的小鼻翼，殊不知整成這樣的鼻形，到頭來有可能造成散財、甚至永遠無財庫的狀況。坊間常見的動刀整型手術，例如割雙眼皮、縮鼻翼，甚至削骨等等，因手術失敗而造成的醫療糾紛層出不窮，嚴重者甚至人生完全走樣。

相較之下，醫美微整型風險較少，是快速安全的好方法，不僅能在短時間內讓自己變得年輕美麗又有自信，時下許多醫美診所也積極結合面相理念，改善個人在先天面相上的弱勢，以微整型瞬間改善臉部氣色、微調局部面相，增添好運勢、好福氣。但微整型畢竟還是一種侵入性的醫療行為，同樣的療程有時無法適用於每個人，微整型前還是應該請醫生做全方位的評估。當然，無論整型或微整前，先閱讀鈺珠的《微整型開運彩妝》這本著作，徹底瞭解面相與美顏間的關係，再找個可靠的醫生諮詢，相信能讓大家掌握命運，開運又美麗！

# Part 1

## 入門篇

FORTU
MAKEU

# 微整型的神奇力量

自己就能改變命運

合乎「相理美」標準的微整型

痣・斑・痕・紋與命運

# 自己就能改變命運

許多篤信命理的善男信女們，總是冀望依靠所謂的大師加持，瞬間改變自己的命運，但往往因此落入江湖術士與神棍的騙局之中，搞得人財兩失。這些年來，找鈺珠看面相的客人最常問的問題之一，也是「老師，我何時可以轉運？能不能請老師幫我改運呢？」

鈺珠習相十多年來，深信能改善命運的關鍵只有兩個：第一是自己，第二是醫生。先天命運已占六、七分，後天種種占三、四分，而自己的努力及醫生的力量，能改變後天種種。

開運化妝則是一種自身的努力，一種由外而內的自我修身，也是個人心理建設與自我改運的一種方式。在進入本書主題之前，請容鈺珠在此先提出我個人由內而外改變命運的心得，並與讀者一同找尋身心靈內修的正確方向。鈺珠認為，無論個人外表如何改變，唯有內外兼修、內外相輔相成，才能真正以樂觀積極的態度廣結善緣，讓人生的旅程更順遂。

## 身心靈內修的正確方向

身體力行個人「四修」，是內修的第一步。「四修」能真正改變命運，有病時看醫生，運氣不好時忍耐保守，不貪多、不躁進，調整生涯規劃，作息正常，戒除不良嗜好，多運動，少煩憂，就能使氣色好轉、開運轉運。

## ✤ 個人四修 ✤

健身、練氣，徹底改善體質。或是以食療養生調養身體，讓體內氣血循環順暢，帶來好氣色，保持身體健康、無病痛。

讓自己的心靈保持心神寧靜、平和。

不生氣、不煩惱。精神和德行層面平衡無憂，就可改善運勢。

永遠摒除有違國家法律和社會秩序的行為。

## ✤ 五大貴人 ✤

一生成就絕非僅屬於個人所有，生命中一定要有下列五大貴人，才能讓你更接近成功。

- 「家人」支持。
- 「高人」指點開示、開智慧。
- 「貴人」幫忙給機會，創造機會、把握機會。
- 「對手」激發潛力。
- 「小人」讓自己更謹慎。

## ✤ 三大夢想 ✤

擁有人生三大夢想，人生更有目標。

- 有人愛。
- 有事做。
- 有夢想。

## 自我開運十大法則

❶ 增加好人緣 = 多微笑，真誠用心待人。

❷ 增加財富 = 錢（=才能）。多學習，讓自己擁有多方面專長，時時保持危機意識。

❸ 年輕是本錢，但學習永遠不嫌遲。

❹ 敢做敢當，為自己的一切勇於負責。

❺ 有膽量、有膽識，勇於突破困境。

❻ 念力 = 讓心安寧，不急不徐。

❼ 毅力 = 堅持到底的決心，成功終究會到來。

❽ 吸引力 = 得宜的穿著打扮，增加個人的吸引力。

❾ 四修 = 修身、修心、修德、修行。

❿ 勤保養 = 每日用心保養皮膚與身體。善用醫美微整型與開運彩妝，創造個人好光彩。

*Fortune Makeup*

# 合乎「相理美」標準的微整型

美的意義，隨著時代與觀點的變化，呈現不同的評價，時下世俗所界定的美女，往往與人相學中的美女定義大不相同。在人相學中，我們稱一般世俗所認定的美為「色相美」，符合人相學相理標準的美為「相理美」。

許多人想藉助整型或微整型手術變美，紛紛要求醫師指名要整成某某知名的明星。又或者因自拍與小臉風潮，整型成椎子臉的蛇精男、蛇精女者也愈來愈常見，殊不知，這樣的面相在人相學家看來，其實會徹底改變人生際遇，導致感情生活與中晚年命運的不順遂。

「宿命論」是許多面相學家認為整型無法改變命運的論點。但鈺珠向來認為，面相整型具有三分以上改變命運的能力。相由心生，心也能隨相改，若想要藉助整型來開運，首先要把握以下幾項原則，才不致於弄巧成拙。

## 開運整型原則

- 不破相：絕對不要因為整型而造成原本的五官比例失衡。例如：整型成為眼睛過大、下巴太尖的蛇精男、蛇精女。
- 不在流年行運的五官部位動刀：例如35至40歲間，不割雙眼皮。
- 不過度整型：無論是微整型或整型，都不宜過度，以免造成臉部線條與表情僵硬，反而弄巧成拙，影響運勢。

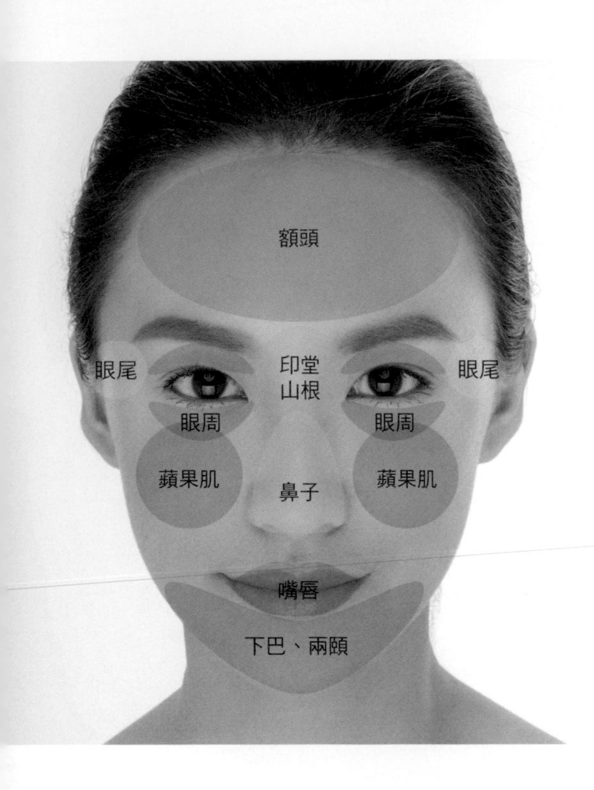


至於想以臉部微整來改善命運者，首先要瞭解五官特色在面相上的意義，以及面相學上命宮、財帛宮、事業宮、福德宮、田宅宮、疾厄宮、夫妻宮、子女宮、遷移宮、父母宮、兄弟宮、奴僕宮等十二宮位與對應的臉部特徵，然後，才能以合乎相理美的觀點來改變面相。

目前微整型能改變面相的範圍，大致可分為以下幾個部分：

## 額頭

（事業宮、遷移宮、父母宮、早年運勢）

額頭為事業宮，也和每個人15至30歲之間的年少運勢相關。飽滿圓滑的額頭，給人一種聰穎、積極的好印象。額頭過窄，或是有痣、斑點、雜紋等都會影響事業和在外的人緣。

**改善運勢** 事業運、長輩緣與長官緣、外地人緣、貴人運等。

**微整效果** 能修飾臉形，使輪廓更柔順漂亮，並能改善明顯的額紋。使額頭部位整體光滑明亮，創造晶亮瓷般的效果。

**微整禁忌** 過度微整造成完全沒有抬頭紋，臉部表情僵硬，反而造成人際關係的危機。

## 印堂、山根

（命宮、疾厄宮）

印堂（命宮）位於雙眉之間，山根（疾厄宮）則在兩眼之間的鼻部根處。這兩個部位若平滑光潔，人生多順遂，若有不好的痣、斑點、雜亂的紋路，影響健康及整體運勢。若印堂有皺眉紋或其他紋路，易顯得憂愁、煩惱，對人際關係圓融有負面影響。

**改善運勢** 整體運勢、事業運與健康運等。

**微整效果** 填補玻尿酸能使山根部位飽滿光潤，呈現如同晶亮瓷般的效果。肉毒桿菌注射則能淡化表情紋，改善印堂的明顯皺紋。

**微整禁忌** 常見的微整問題是山根填充過於飽滿，鼻樑顯得過寬、過粗，反而影響女性的感情運勢。

## 眼周

（田宅宮、男女宮／子女宮）

眼睛和眉毛之間稱為田宅宮。眼下則為男女宮（子女宮）。若上眼窩凹陷、有黑眼圈、淚溝眼袋明顯，易顯現疲勞、老態，給人精神不集中、勞累苦命、沒福氣等等負面形象，也會影響家庭生活。

**改善運勢** 家庭運、異性緣、子女緣等。

**微整效果** 透過眼周部位的注射，例如：自體脂肪（上眼周）和小分子玻尿酸（眼下部位），可改善上眼窩凹陷及淚溝，使之飽滿，不僅改變年齡印象，看起來也會更有元氣。

**微整禁忌** 過度微整破壞了原本能帶來好人緣的眼部臥蠶。

## 眼尾／太陽穴

（夫妻宮）

夫妻宮位於眉尾近太陽穴處，若部位飽滿光滑潤澤，感情生活幸福、夫妻相處恩愛美滿融洽。夫妻宮凹陷，感情生活易波動，較無好姻緣。夫妻宮有明顯魚尾紋，感情生活不穩定，夫妻易有爭吵。

**改善運勢** 夫妻生活、家庭生活、感情生活等。

**微整效果** 填補玻尿酸能使夫妻宮部位飽滿光潤，晶亮無瑕。肉毒桿菌注射則可改善魚尾紋。

**微整禁忌** 過度微整影響臉形的平衡感；有時也會造成眉形過度揚升，使得臉部表情顯得嚴肅、難以親近。

## 蘋果肌

（家庭運、子女運、事業運、中年運）

蘋果肌是包在顴骨上的肉，代表事業運、官職能力的表現、家運等等。面相視鼻子為女性的夫星，有鼻無顴即蘋果肌不佳、塌陷，無能輔佐夫星，持家不力。而蘋果肌豐滿，則可防止淚溝和眼袋的形成，避免眼神疲累無采。

**改善運勢** 家庭運、子女運、中年事業運、46和47歲流年運。

**微整效果** 填補玻尿酸能使蘋果肌部位飽滿光潤，看起來比較年輕、有親切感。

**微整禁忌** 常見的微整問題是填充過於飽滿，造成臉部變形，表情僵硬，破壞美感，傷害運勢，甚至是面部結構受損。

## 鼻子

（財帛宮、中年事業與運勢、女性之夫宮、疾厄宮）

鼻子是財帛宮，也象徵中年運勢，與一生的財祿、事業運勢相關。對女性而言，也代表丈夫。女性鼻形挺直豐厚，身體健康，事業積極努力；鼻頭圓潤、鼻孔不漏，更能聚積財富。若鼻樑太低，身體抵抗力差，健康與事業常陷於困頓。

**改善運勢** 事業運、健康運、財運等。

**微整效果** 能適度調整山根與鼻樑高度，有助於改善整體臉型的比例及美感。

**微整禁忌** 過度強調鼻樑與山根的高度，會影響女性姻緣。

## 嘴唇

（情愛宮、個人口福食祿，也主掌個人口德與是非）

雙唇象徵個人的情愛運勢，面相學家也以此見證人品口德。左右對稱、端正飽滿、上下唇比例適當的唇形，有好的桃花人緣、有口福、也給人一種個性篤實溫良的印象。

**改善運勢** 夫妻生活、家庭生活、感情生活等。

**微整效果** 填補玻尿酸可矯正不平衡、過薄，以及皺紋過多的雙唇。

**微整禁忌** 適度的唇紋表示有良好的愛情生活。雙唇過度填補玻尿酸造成完全沒有唇紋，反而影響感情與性生活。

## 下巴、兩頤／兩腮

（部屬宮、田宅運勢、晚年運勢）

下巴和下巴兩側的兩腮部位，在面相中併稱為「地閣」，與田宅運勢、個人執行力及晚運相關。地閣圓潤厚實，不僅晚運佳，也給人忠實可靠的印象。若下巴歪斜或尖小，則晚運多波折，與晚輩及部屬相處不融洽，福分不足。

**改善運勢** 家庭生活、不動產運勢、晚輩緣、部屬緣等。

**微整效果** 能適度調整下巴的外形，以及地閣的豐厚感。

**微整禁忌** 過度填補造成說話時表情僵硬，或是下巴凸出，破壞面相格局，反而成為運勢顛簸的肇因。

## 色相美 VS. 相理美

### 色相美

女生外型大多豔麗多彩，符合時下的流行外貌，例如：大眼睛、尖下巴，鼻樑細挺（不夠豐隆有肉）、眉形細、嘴巴大、眼神充滿豔光。若僅是容貌俊美，而其頭部、臉部和身體手足等部位的氣魄、氣質、氣色、精神、性格、聲音和智慧等都不佳（不符合人相學標準），通常女性在婚姻及晚輩緣方面比較容易受挫。

### 相理美

符合相理美的標準，是傳統所稱的相夫旺子格局，例如：男性為達官顯貴，女性則為貴夫人格。相理美的面相條件是：鼻樑豐隆有肉、鼻準頭豐圓，鼻孔不橫張或仰露；眉形秀長、印堂飽平滿、額圓頭圓、唇紅齒白、皮膚光滑細緻。內在的狀態則是呈現安詳、閒雅，具有澀默（閒靜不多話）、端莊的氣質。

## 人相學中的傳統好女相

### ● 旺夫格、富貴福祿之相

- 五官特色：五官端正、眉清目秀、耳白而厚、鼻準頭圓潤、人中分明、唇紅齒白，兩腮及顴骨不突露。
- 體相特色：骨細、皮膚滑潤、背圓臀圓、面圓腰圓。
- 手相特色：手指厚實，手指及手掌的長度均衡，掌紋細潤。
- 髮膚特色：皮膚細潤、額形圓潤，髮黑且潤澤。
- 聲相特色：聲清如水。
- 行為特色：表情神清視正，態度威儀但圓融、和氣。

### ● 人相學家觀察女性相理美的必備條件

- 面相：五官端正、眉清目秀。鼻形直而豐隆，鼻翼分明，鼻準頭與鼻翼豐隆有肉。唇紅齒白。耳形輪廓分明，耳有垂珠。額頭、顴骨及兩腮豐滿有肉，下巴圓厚。
- 行為：體格姿態柔美，舉止大方端莊，待人謙和，遇事不驚、遇喜不狂，不憂不怨。

Fortune Makeup

# 痣・斑・痕・紋與命運

「斑痣圖」可能是許多人對面相的第一印象。早期在街市廟會隨處可見，如今，除斑痣也是醫學美容的一大話題。依據中醫理論，臉上的斑與痣，能反射出身體內部的狀況，是五臟六腑的健康與疾病指標。面相根源中醫學，由中醫理論中的問、聞、望、切診療法而來，因而也能根據臉上的痣，來推斷一個人可能或已經罹患的疾病，其可信度及準確性相當高。

古相書上說：「面無善痣。」也就是說，臉上的痣通常是不好的。依相學家的主張，認為人體和臉上的痣，是由於身體內部的器官發生了病變，導致內分泌異常，而這種異常的分泌物，會隨著血管的經絡以及神經系統的運作，進而將其推送至臉部或身體內部器官相對應的部位。尤其臉上的痣，中醫古書《醫宗金鑒》認為是「氣血凝滯於經絡，陽氣束結而成的疙瘩。」也就是身體內部器官生病或產生變化的警訊，會慢慢堆積在臉上。從面相的角度看來，這樣形成的斑、痣（或黑子），甚至是紋痕，由身體內部發出，進而影響至心理狀態，不僅對於個人身心健康，也對命運產生了直接影響。

## 紋、痕、痣、疤與醫美開運

醫美微整型也是一種侵入性的醫療行為，就人相學與命理的角度來看，究竟哪些需要去除？哪些痣斑痕紋不適合在流年時處理呢？鈺珠從開運化妝與人相學的觀點分析，呼籲愛美的女性去除痣斑痕紋除了選對醫美診所和醫師之外，也要選對時機。

### 紋

日常肌膚保養可預防細紋，表情紋則可仰賴醫美微整型去除，但也要避免過度除紋，反而造成臉部肌肉線條與表情僵化。

### 痕

去除疤痕最好能求助於醫美，勿直接在藥房亂買藥來塗抹。徹底除痕的確能讓臉更清爽乾淨，讓你重拾自信心。

### 痣

切勿在夜市路邊找人隨便點痣，一定要找合格的醫生處理，以免弄巧成拙、失敗破相，改運開運不成，反而後患無窮，勞心勞力又傷財。

### 疤

千萬別在35至40歲之間割雙眼皮或做任何眼部整型手術。依流年相法，35至40歲之間走眼運，此時動刀手術有礙流年運勢。

基於化妝與審美觀概念，臉上十三部位（臉部正中央由額頭至下巴直線區域部位）的痣，可尋求醫美的協助，盡量將其去除。總之，臉部其他惡痣一定要去除，至於善痣，則可考慮保留，有時反而讓人更具個性美。

- **善痣**：朱紅色、漆黑色（亮黑色）、白玉色
- **惡痣**：赤黑色、暗黑色、枯白色、灰褐色

# 醫美除痣斑，重現健康美

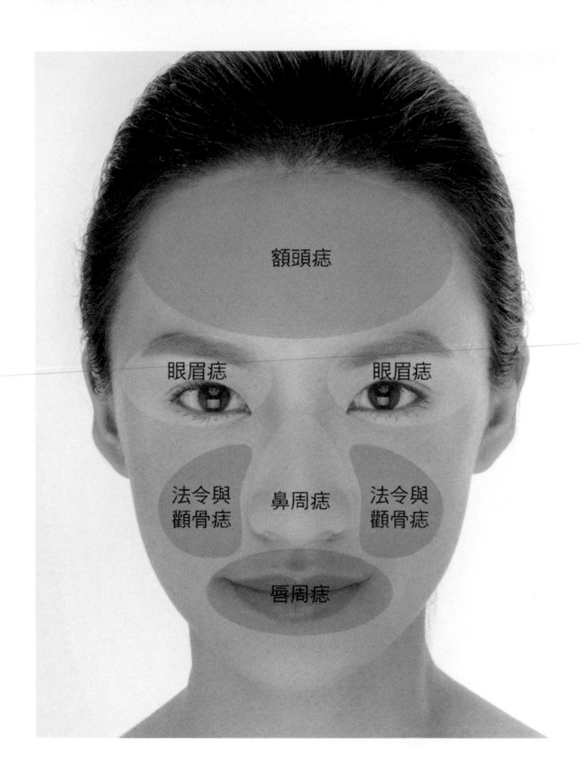


以下列舉的痣斑，不僅影響個人外在美觀，也是身體內臟與內分泌的警訊，宜去除。依中醫經脈理論，若是除痣斑後仍然不停冒出，應當要特別留意痣斑相對部位的個人健康問題。

### 額頭痣

- 額頭屬心。額頭有痣，依相學理論，通常是年幼時期發過高燒所導致，此外，也應留意心血管健康。

### 眼眉痣

- 雙眉之間出現痣，天生免疫力較差，要慎防傷風感冒引發的併發症。
- 眉眼之間的田宅宮出現了痣，脾胃方面比較弱，易消化不良。
- 眼尾是夫妻宮。眼尾部位出現痣，性荷爾蒙方面容易出現問題。

- 眼睛外圍與眉尾與眼尾有痣，要提防肝膽方面的健康問題，注意小腦的運作，也要留心性格，不應長期抑鬱或心情不愉快，以免影響生理健康。
- 兩眼之間（山根）有痣，容易有心血管方面的毛病。
- 下眼瞼（子女宮）有惡痣或皮膚乾枯，表示腎氣不足，易影響生殖系統。

鼻周痣

- 鼻樑是督脈經過之處，按照中醫十四經脈的理論，鼻樑有痣，脊椎較弱，應慎防腰痛之苦。
- 鼻子兩旁屬於肝膽區域，鼻子兩旁有痣，暗示肝膽分泌不正常，可能消化器官有狀況。
- 鼻準頭與鼻翼反射部位是胃，有痣可能胃部功能較差，易有潰瘍或長年胃疾。

法令與顴骨痣

- 法令紋上出現痣，依面相的小人相法，表示手部與足部容易受傷。
- 顴骨上有痣，象徵肩頸容易有病痛。
- 顴骨下方出現痣，可能腸胃的消化及吸收能力較弱。
- 兩頰側邊的反射部位是腎臟，近耳朵兩側的兩頰部位有痣，應該提防腰間部位的疾病。

唇周痣

- 鼻準頭下端及人中有痣，多半是腎臟與生殖系統方面的問題。女性應注意子宮卵巢等婦科問題；男性則要留心泌尿系統方面的問題。
- 嘴唇上或嘴巴附近有痣，代表消化功能較差。
- 下巴有痣，除了要提防筋絡及骨骼方面的問題，也應注意過敏現象。
- 嘴巴下有痣，不宜飲酒過量，也應注意水中安全。

# 醫美去痕紋，重建自信心

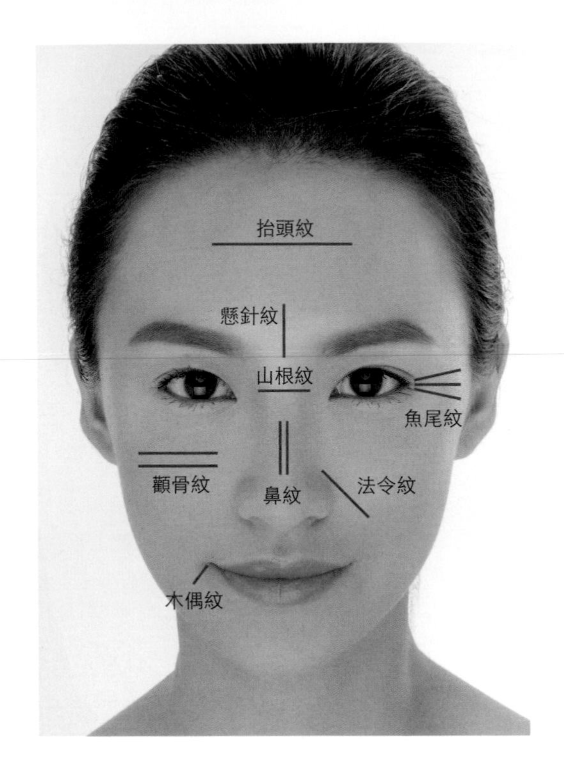


皺紋不僅是年齡的痕跡，對面相專家來說，也是印證人生旅程的痕跡。而愛美女性最煩惱的就是臉上出現皺紋，年齡老化雖無法避免，但運用醫美去除下列各種痕紋，不僅能讓自己變得更年輕，也可能改變運勢。

- 抬頭紋：抬頭紋不僅令人顯老，也影響長輩緣、父母緣、貴人運等，容易與人相處不愉快，是人際關係的阻礙。
- 懸針紋：兩眉之間、印堂正中央的直紋稱為懸針紋。是心中常有所不滿，經過長久的壓抑憂悶，又得不到發洩，久而久之，積壓而成。面相上認為是影響事業、家庭、百事不吉的痕紋。

- 魚尾紋：眼尾是夫妻宮。魚尾紋過多容易有感情、婚姻方面的問題。也容易奔波勞碌，勞多少成。
- 山根紋：鼻樑根部與兩眼之間稱為山根。是面相上的疾厄宮，有橫紋象徵健康上有狀況，可能有宿疾，應多注意。
- 鼻　紋：鼻為財星，是財帛宮，也是女性的「夫宮」。鼻上有紋財運易受阻礙，不宜輕易投資，創業應謹慎選擇合作夥伴。女性鼻樑有紋者，大多數是女強人，容易令男人望而生畏，不敢靠近。應該盡量讓自己更溫柔，才有機會把握良緣。
- 顴骨紋：顴骨上的斜橫紋稱為破顴紋，顧名思義是破壞權力，容易失去掌控權，無法守住手中的事業。
- 法令紋：代表個人的社會地位與威儀聲望。法令紋與個人體質、睡姿以及長時間的表情等都有很大關係，女性法令紋若是又長又深，容易給人距離感，影響桃花人緣。法令紋若是左右長短不齊，事業發展也容易有波折與阻礙。
- 木偶紋：嘴角下垂或呈現出木偶紋，象徵事業或家庭過度勞碌。女性若木偶紋太深，不僅會給人帶來強烈的距離感，也容易影響婚姻生活。

# Part 2

## 進階篇

FORTU
MAKEU

NE
UP

# 時序 & 微整型開運彩妝

四季開運彩妝

十二月令開運彩妝

# 四季開運彩妝

四季氣色是面相學家必修的進階觀相課程。面相學認為，四季氣色的好壞直接影響當前的運勢，這是因為天地萬象與人體的血脈相通，四季的變化無論是濕熱乾冷，或是陰晴風雨，都體現在面相氣色之中。然而，若沒有好的面相學素養與觀相眼力，四季氣色對一般人來說，真的比較難以解釋與把握。因此，鈺珠將人相學中的四季氣色與中國五行，以及西方的四季色彩學，融合成為微整型開運彩妝的概念，在這一章中，以最簡單的條列式文字，加上重點彩妝示範，讓讀者能輕易瞭解，簡單掌握四季開運的要領。

在進入四季開運彩妝之前，鈺珠首先想要釐清「四季開運彩妝」與「四季色彩學」的觀念。談到西方的「四季色彩學」，這是所有學習時尚與美學的朋友們，都具備的基本概念。四季色彩學將色彩界定為春、夏、秋、冬四大色調，而四季色彩造型認為每個人都有與生俱來的色調，有人天生適合春天的光彩色澤，有些人則適合冬天的光彩色澤，因此在服裝和化妝的顏色選擇上，應符合個人的特徵，運用個人的色調襯托出自身的魅力，而不該讓錯誤的用色掩蓋本來的光彩。

鈺珠主張的「四季開運彩妝」則不強調個人的專屬色彩，鈺珠認為，色彩人人可用，只是需要考慮使用色彩的時機。「四季開運彩妝」追求的是與自然萬物的運行相融，隨著天地之吉氣來發揮最佳氣色，讓自身散發出最佳的幸運光彩，然後再藉用些許的彩妝技巧，畫出如同微整型效果般的彩妝，就能達到既時尚又開運的目的。

| | 春 | 夏 | 秋 | 冬 |
|---|---|---|---|---|
| 時序定義 | 農曆<br>正月、二月、三月 | 農曆<br>四月、五月、六月 | 農曆<br>七月、八月、九月 | 農曆<br>十月、十一月、<br>十二月 |
| 氣色吉色 | 青：<br>翠綠、青綠 | 紅：<br>紫紅、粉紅、黃紅 | 白：<br>白潤、白瑩，黃亦可 | 黑、深黑藍 |
| 色彩禁忌 | 枯白 | 灰白<br>（或暗滯的色調） | 青綠、赤紅、燥紅 | 黃色（暗黃） |
| 吉祥方位 | 東 | 南 | 西 | 北 |
| 造型重點 | 翠嫩 | 亮麗 | 明亮 | 高雅時尚 |
| 彩妝重點 | 以暖色調的眼唇彩妝搭配翠嫩感<br>調整出美好五官的彩妝 | 強調臉部紅潤的好氣色，塑造出如同<br>填補潤頰的微整型彩妝 | 以有技巧的立體妝感營造出<br>醫美級的美白妝印象 | 以鮮明的線條感表現出彩妝氣勢<br>拉提效果的彩妝 |

# { 春季開運彩妝 }

*Spring*

### 時間定義

農曆正月、二月、
三月。

### 開運色調

翠綠、青、紅潤。整體以
暖色調彩妝呈現。

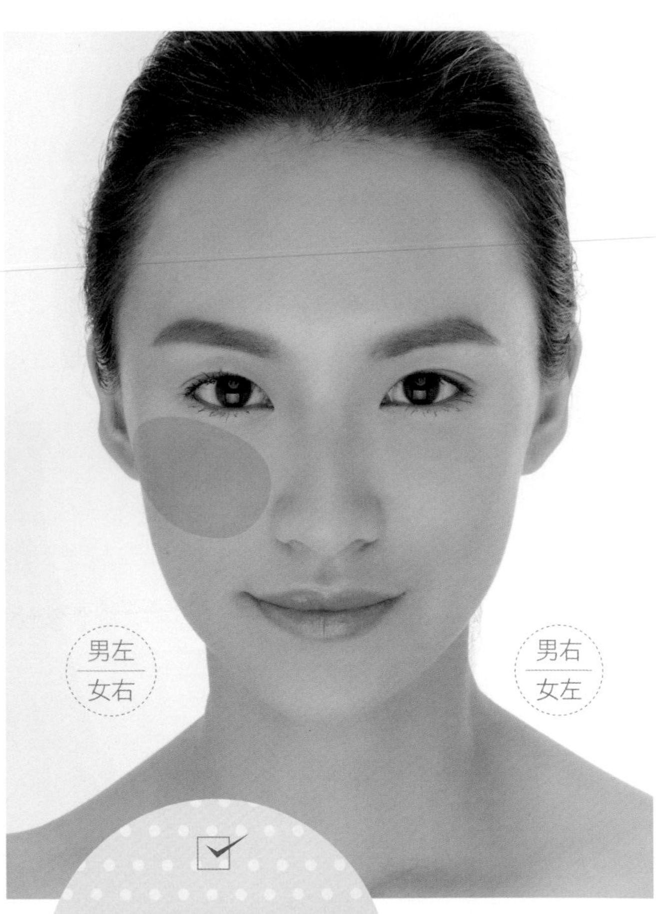

### 開運部位

臉部為右顴骨（女生）
至耳朵一帶。
方位為東方。

### 最佳氣色

可呈現青翠潤澤的色調；
但不宜暗沉。
最忌諱枯白。

## ✦ 重點技巧

STEP 1 讓肌膚紅潤起來

選擇帶紅潤色調的保濕粉底乳，或是在粉底前使用粉紅色調的飾底乳修正膚色。也可以在完妝的最後步驟，採用嫩粉色調的蜜粉定妝，讓肌膚透出自然紅潤感。

STEP 2 展現清晰的眉色與眉形

以接近髮色的深棕色或黑色眉筆一根根仔細畫眉，創造出清晰的眉形與眉色，給人五官鮮明的第一印象。

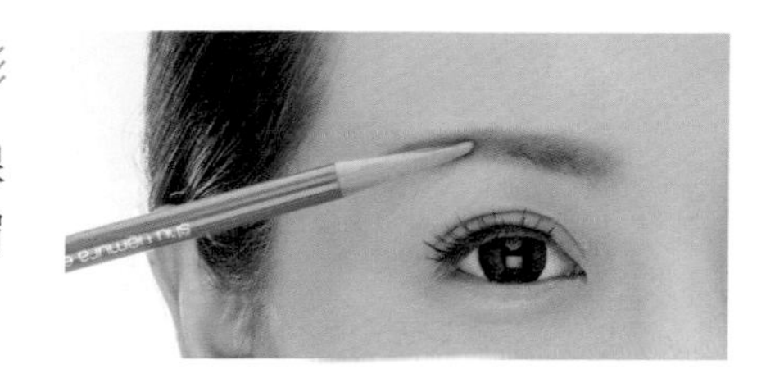

STEP 3 來點春天的色彩

先以眼影刷沾取嫩黃色眼影刷於上眼影中段往眼頭方向刷，再沾取綠色眼影由上眼影的眼尾往中間漸層描畫，黃色與綠色眼影自然交疊出清新的翠綠色。將眼影餘粉沿著下眼線，由眼尾畫至下眼線2/3處，再沾取細緻珠光黃色眼影，畫在上下眼影中央最接近眼線的部位。

STEP 4 呈現自然烏黑的睫毛

以純黑色的滋養型睫毛膏上妝，在春天給睫毛彩妝兼保養的呵護。別忘了要將糾結的睫毛膏塊刷開，才能給人眼神清麗的美好春天印象。

## STEP 5 如同輕捏兩頰的紅潤感

以大腮紅刷沾取粉橘色或嫩紅色的腮紅，輕輕在笑肌上打圓上妝，創造出如同輕捏過兩頰後，肌膚自然泛紅的色澤。

## STEP 6 水嫩質感比色彩更重要

口紅的質感非常重要，選擇一款具高保濕效果的潤澤唇膏，千萬別採用油膩質感的唇油，以免破壞了彩妝的清新感。嫩粉色、嫩珊瑚色、淺玫瑰色等色澤的口紅，都能展現出春天的生命力。

## STEP 7 T字部位不可太亮

修飾T字部位時宜謹慎，不要把T字部位刷得太白或太亮，因為春天在命理屬木，太過亮白的色澤為金剋木，反而無法開運。只要稍微提升整體臉部肌膚亮度，帶來好氣色即可。

## 大師的春季開運祕法

春季彩妝的重點在塑造眼神黑白分明的印象，因為雙眸清晰的神采，是春季財源開運的關鍵。若雙眼容易泛紅，化妝前別忘了使用「藍寶寶」眼藥水點亮雙眸，瞬間讓眼白泛紅消失。此外，春天最忌顴骨部位肌膚有瑕疵，若有長痘、斑點、疤痕一定要適當遮瑕修飾，以免局部瑕疵破壞整體運勢。

# 夏季開運彩妝

Summer

時間定義

農曆四月、五月、六月。

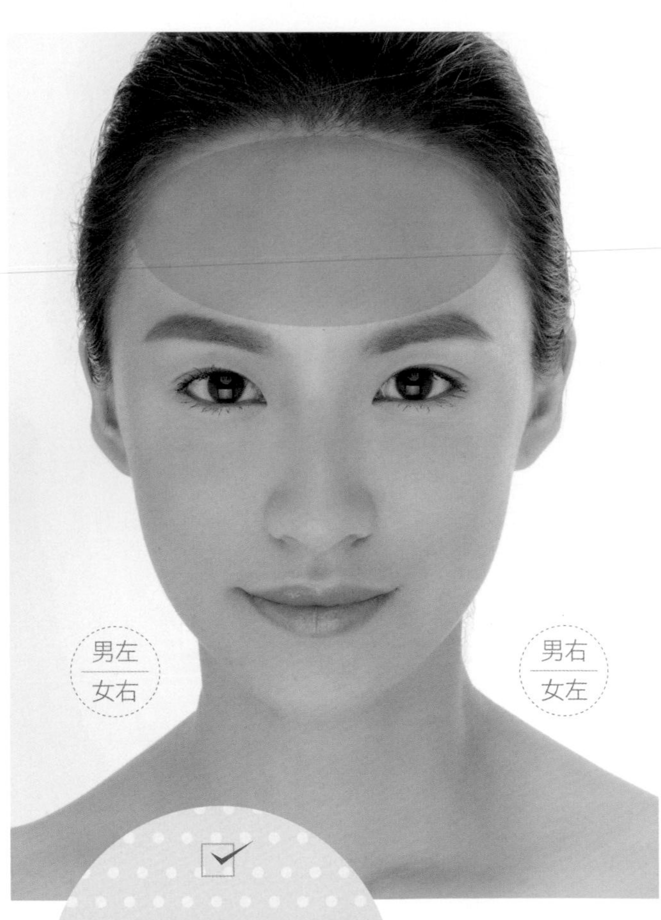

開運色調

宜紅，不宜白。

開運部位

臉部為整個額頭。
方位為南方。

最佳氣色

適合紫紅、粉紅色、
黃紅、潤紅色。
忌諱灰白色調。

## ✦ 重點技巧

### STEP 1 使用膚色基調的粉底

選擇膚色基調（Beige Tone）的控油粉底乳，以三角海綿（或菱形海綿）上妝，海綿的尖端能讓眼角、鼻翼、唇角等處的底妝萬無一失。黑眼圈嚴重者，可依個人狀況選用黑眼圈擦擦筆修飾後，再以膚色調的透明蜜粉定妝，創造出臉部肌膚黃明的氣色（火土相生）。

### STEP 2 善用棕色調的眉彩

眉毛以咖啡色調最佳，可先以深棕色的眉筆描畫出眉頭略圓的新月眉形後，再使用咖啡色調的染眉膏為雙眉上色。

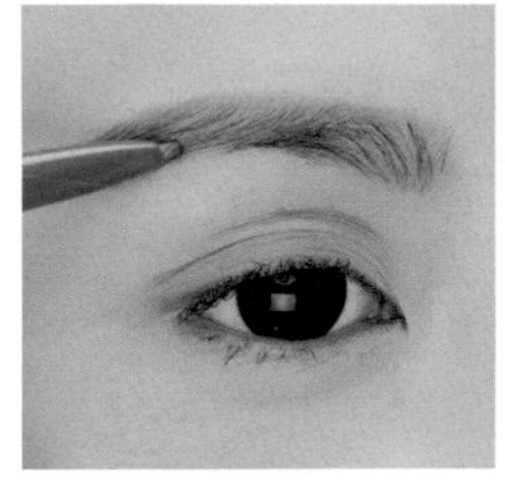

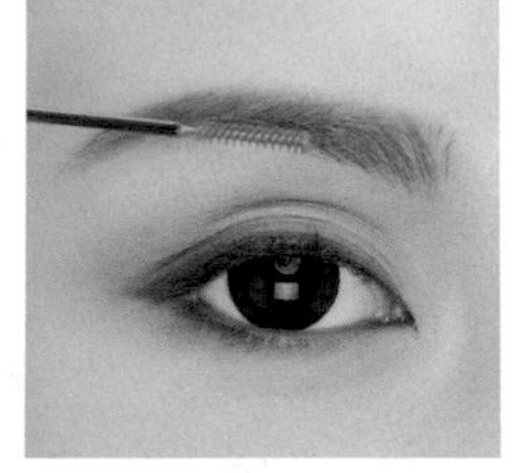

### STEP 3 著重上眼影的描繪

畫眼影前再次檢查眼周是否完美遮瑕，絕對別讓黑眼圈顯現，以免影響眼影色澤表現。最佳的夏季開運色彩是紅色系，為避免大紅色在夏季令人有燥熱感，眼影的顏色可選擇淡紅、粉紅、微紅或淺紫紅色，由眼尾往眼頭方向漸層描畫至上眼皮中間即止，下眼影也沿著下眼線畫至眼球下方1/2位置。

## STEP 4 讓睫毛也沾點色彩

可配合眼影色澤，選擇深紫紅或亮麗的桃紅色睫毛膏，讓睫毛成為彩妝的亮點。若沒有紅色調的睫毛膏，也可以在刷上睫毛膏之後，以海綿狀的眼影棒沾點眼影在睫毛上，讓紫紅色調若隱若現。

## STEP 5 來個時尚的紅唇

不要大紅，也不要暗紅色調，來點嫩紅色的口紅！潤澤感的唇膏最佳，以平口的唇刷沾唇膏，直接描畫出豐潤的唇形並塗滿雙唇即可。

## STEP 6 創造發光的額頭最重要

直接以打光棒塗抹在額頭上即可（油性膚質夏季則可選擇蜜粉刷沾取光澤蜜粉上妝），讓整個額頭明亮起來，將暗黑、暗滯的氣色一掃而光，發揮最強的開運效果。

## STEP 7 慎用腮紅，勿顯老態

配合口紅色澤，選擇偏紅色調的腮紅，由眼尾刷至笑肌最高處，但使用時需謹慎，淡淡輕刷，使臉部顯現自然的紅暈即可，應避免紅色調造成老氣感。

### 大師的夏季開運祕法

儘管紅色是最佳的夏季開運色彩，但紅色調彩妝卻是最難掌握的，畫不好反而顯得臉部燥熱，給人不潔淨的感覺。若對紅色調的運用比較沒把握，先從保養做起，化妝前先冰鎮肌膚，再以無色控油與毛孔飾底乳來修飾與調控膚況，特別要加強鼻準頭，絕對不能讓粉底脫妝，或是讓鼻頭泛紅，才能避免破財運。

# 秋季開運彩妝

Autumn

時間定義

農曆七月、八月、九月。

開運色調

白潤色、白瑩色。
適合明亮的色調，
不宜帶有青綠色感。

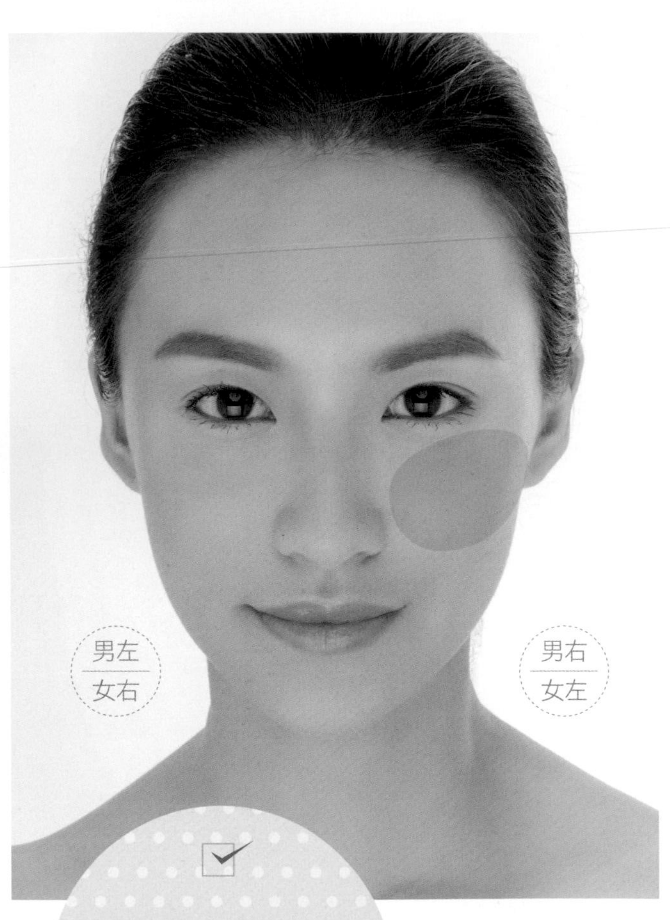

開運部位

臉部為左顴骨（女生）
至耳朵一帶。
方位為西方。

最佳氣色

亮白、白潤感。
忌諱青綠色調。

## ✦ 重點技巧

### STEP 1 選對粉底，讓肌膚亮起來

一款具光澤質感的粉底乳，能一掃秋燥，帶來白潤明亮的最佳秋季氣色。定妝時，也可採用具絲光效果的蜜粉，讓臉龐如絲緞般閃亮，呈現光滑細緻的質感。

### STEP 2 黑色的眉毛最佳

秋季黑色的眉毛最好，若是髮色染得較淺或是對自己的畫眉技巧沒把握，可以先使用棕色眉筆畫眉（忌帶紅色調），之後再以斜角眉刷沾取黑灰色的眉粉，由眉頭至眉尾輕刷一下，讓眉色呈現出層次感。

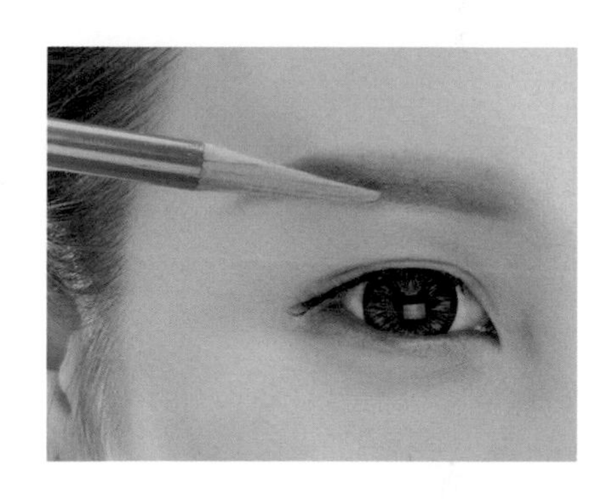

### STEP 3 打造自然深邃的眼窩

大地棕色系是秋季彩妝的最佳色彩選擇。先以眼影刷沾取淺棕色眼影粉，輕刷於整個眼簾，再沾取較深的棕色眼影粉由眼尾刷至眼中，即可呈現出自然深邃的眼眸。若喜歡亮澤感的眼妝，可再以眼影刷沾取細緻光澤的金色或銀白色亮粉，從上眼簾的眼頭刷至眼中，或是僅使用於眉骨下方亦可，藉由提升光澤感讓秋季開運到最高點。

## STEP 4 畫出炯炯有神的雙眸

一定要選用純黑色的睫毛膏，不僅讓雙眸更具神采，也呼應五行金水相生開運（棕色眼影為金、黑色為水）。

## STEP 5 輕抹上透明的頰彩

腮紅以修飾臉頰為準則，不需要太紅潤（紅色為火，眼影為金，應避免火剋金）。選擇棕色調的頰彩，由眼尾太陽穴處刷至顴骨最高點的外側，輕刷稍微修飾即可。

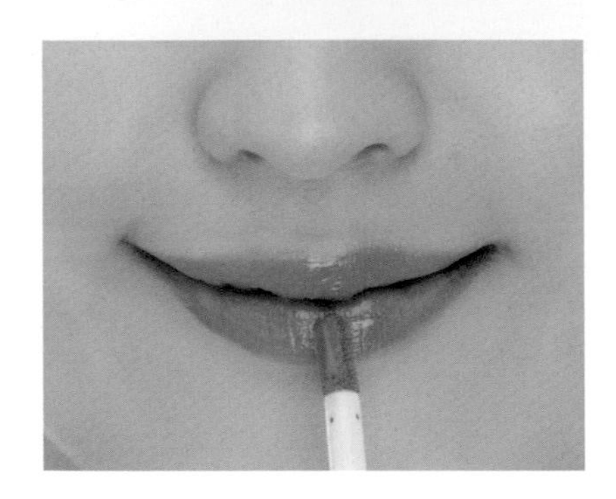

## STEP 6 打造粉嫩潤透的雙唇

口紅千萬別太紅，使用具透明感的唇彩直接上妝即可。粉桃紅、裸膚色、淺玫瑰紅、豆沙紅等色調都是極佳的選擇。挑選裸色唇膏時，色調不能淺於自己原本的唇色，否則易顯出疲累感與病態。

## STEP 7 來一點金屬光澤

以打光棒直接塗抹在T字部位，增添臉部光澤。特別加強印堂至鼻樑部位，不僅能讓臉部更有立體感，同時也能增強健康、事業與整體運勢。

### 大師的秋季開運祕法

白色與金色是秋季最佳的選擇，除了彩妝、服飾之外，也可以多運用飾品，如金色的耳環和項鍊、戒指，或是白色的珍珠等，以局部點綴的方式增強運勢。另外，無論任何髮妝造型，最好都能讓耳朵露出來（女性的左耳為吉方），每天早上睡醒後、下床前，以拇指與食指按摩兩耳，運用全身穴點的反射區幫助循環，也能讓雙耳的氣色更佳。

# { 冬季開運彩妝 }

*Winter*

**時間定義**

農曆十月、十一月、十二月。

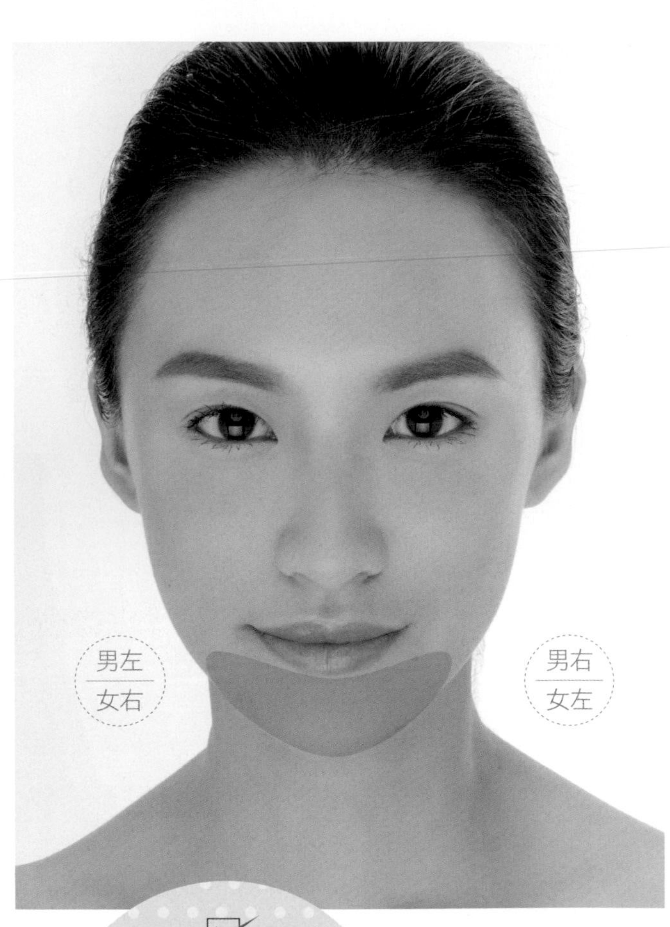

**開運色調**

冬季五行屬水（黑色）。黑色佳。忌諱：紅紫色、紅棕色。

**開運部位**

臉部為下巴（包括整個下停）。方位為北方。

**最佳氣色**

微黑不忌。但下巴不能有燥紅氣色（因水火相剋）。

## 重點技巧

### STEP 1 讓氣色自然亮出來

冬天想讓氣色自然亮出來不能光靠粉底。每天上妝前或睡前敷上濕布型面膜（或是晚安凍膜），上妝時能使粉底更服貼，蜜粉不再出現浮粉感，順利打造黃明白潤的好氣色。

### STEP 2 畫出鮮明的眉形

以鐵灰色（髮色染成淺色者可選擇深棕色）的眉筆畫出鮮明的眉形後，再以眉刷沾取鐵灰色的眉粉由眉頭輕刷至眉尾。眉形清晰鮮明即可，不要把眉毛畫得太粗太黑，以免搶走眼妝的風采。

### STEP 3 煙燻眼妝也開運

黑色煙燻妝是冬季的開運妝。冬季的五行開運色為黑色，也是四季之中唯一可以使用黑色眼影的時節。先以眼影刷沾取淺棕色的眼影，輕刷於整個上眼簾，再沾取深灰色眼影畫在雙眼皮折痕內，最後使用黑色眼影由眼尾畫至眼中。

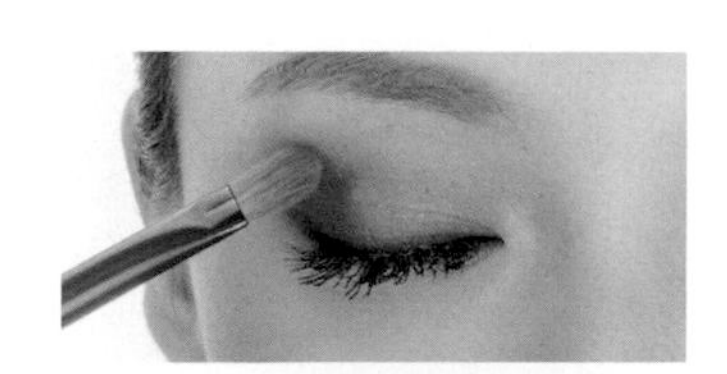

### STEP 4 潔淨的濃密睫毛增強眼神

黑色睫毛膏是唯一的選擇。可使用濃密型或增長型的睫毛膏來加強眼神魅惑感，再以睫毛梳梳開睫毛，使其根根分明，絕對不能讓睫毛膏產生塊狀糾結。

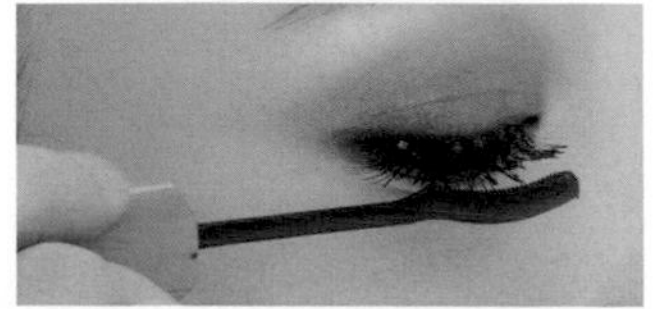

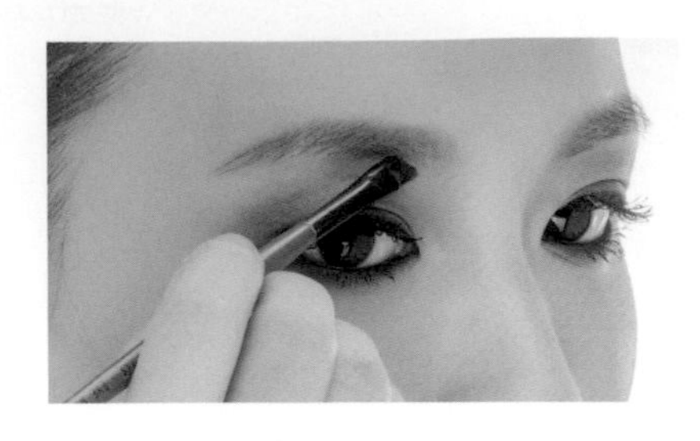

STEP 5 輕刷眉骨與鼻影

以斜角刷或鼻影刷沾取淺棕色的眼影粉（或眉粉），輕輕刷在眉頭下方與鼻樑間的三角部位，塑造眉棱骨與鼻樑的立體感。

STEP 6 以腮紅加強氣血

選擇嫩橘色、淺莓紅或粉膚色的腮紅，以畫圓的方式輕刷於笑肌上，加強紅潤氣色即可，不需刻意修飾臉形。

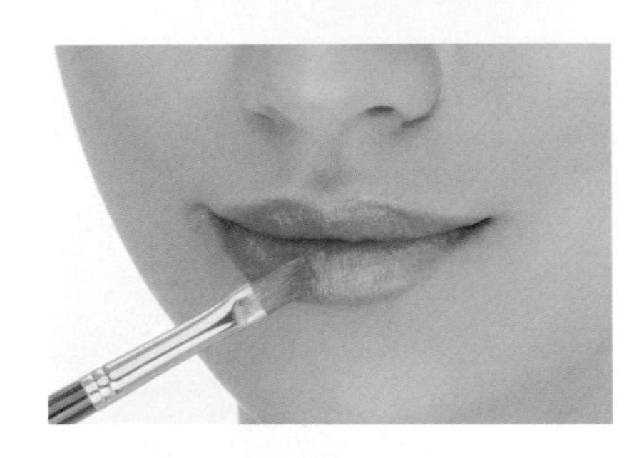

STEP 7 給雙唇一點開運光澤

整體彩妝設計以眼妝為重點，口紅則是光澤更勝於色澤。選用帶有微光金屬感的膚紅色或淺可可紅色唇膏，直接以平口唇刷沾取唇膏上妝即可。

STEP 8 金光閃閃一掃冬季暗沉

以打光棒直接塗抹在額頭與鼻樑部位（也可再以指腹將其推薄、推勻），增添臉部光澤感。利用光澤感一掃冬季皮膚的乾澀與暗沉，也創造出水潤視覺。

### 大師的冬季開運祕法

冬天想讓氣色自然亮出來，真的不能光靠化妝打亮，首先應做好肌膚保養。日本近年來流行的7日型或28日型密集保養面膜，是冬季快速提升肌膚水嫩感的極佳選擇之一。這種配合女性生理期和皮膚更新期的保養法，能深層舒緩肌膚，並高效提升表皮肌膚的含水量與光澤感，讓冬季上妝無往不利。

Fortune Makeup

# 十二月令開運彩妝

相命難，相氣色更難。一般來說，人遇順境之時，氣色自然有愉快之象；遇逆境，氣色即變得滯暗。但相命者通常能輕易觀察出一個人的人生大致起伏，短時間的氣色變化卻較難掌握。

從面相氣色學來看，臉上的氣色分類有十多種，月令氣色學是四季氣色學的進階，配合季節與五行的生剋制化，相同的氣色在不同的時刻有截然不同的定義。對非相理研究者來說，要分辨四季與月令氣色吉凶，真的十分困難。為了簡化氣色的理論，鈺珠以圖文並茂的方式在書中解說呈現，以便讓大家認識簡單的月令氣色，最重要的是在對的時機，畫上正確的開運彩妝來改變氣色，並以開運化妝創造出有如微整型般的改變容貌效果，為您帶來一整年的好運。

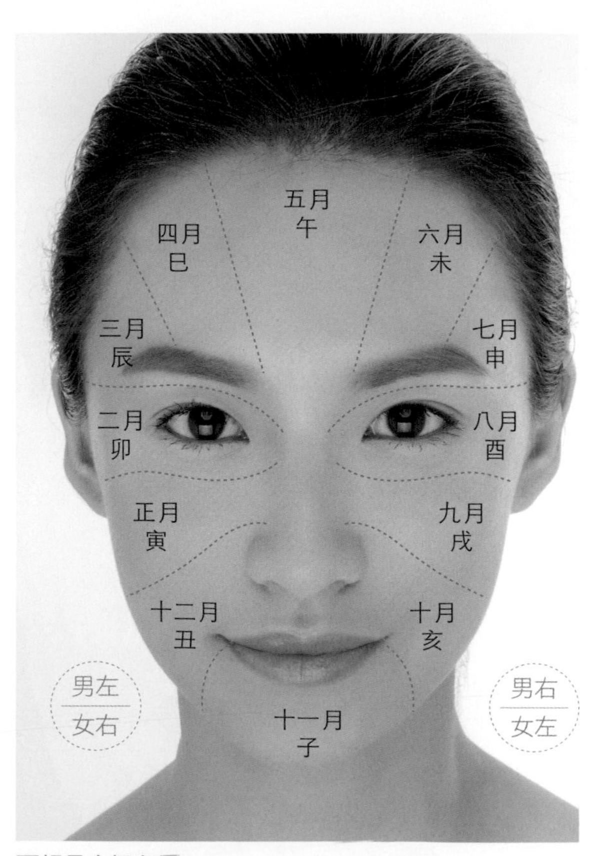


面相月令氣色圖

# 臉部氣色與象徵意義

- 青氣色：氣色發青。表示有憂思、憂愁、疑惑，或可能有驚險、運勢受阻受滯，易招小人、受辱，且易有疾厄上身。
- 赤氣色：燥紅、豔紅的氣色。容易與人有口舌之爭，易造成官訟是非、與人離別，或是造成破財、人禍等狀況。
- 白氣色：臉色蒼白或灰白。通常在服喪期間的人們臉上可看見。或是生病時的病氣（尤以肺部疾病最為明顯）。
- 黑氣色：氣色泛黑是最可怕的狀況，印堂發黑的狀況即是。容易有破財耗損、失職等狀況，最嚴重者有威脅生命的情況。
- 黃氣色：黃中帶有明亮感的氣色。表示運勢一路順暢，有喜慶財運。是最平安、吉祥的氣色。
- 紅氣色：透出潤紅色或粉桃色，有喜慶、祥和之意。謀事和升官大吉。

# 月令開運彩妝 農曆正月

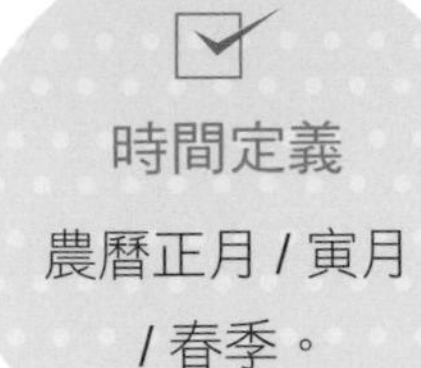

時間定義

農曆正月 / 寅月 / 春季。

開運部位

女性的右邊耳垂旁。

最佳氣色

明亮中透出淡淡紅潤氣色。

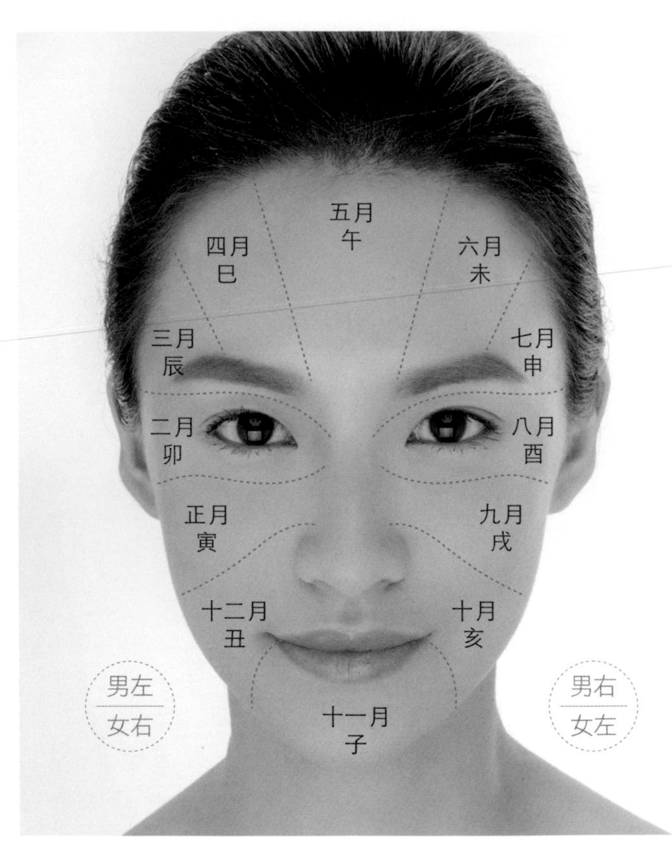


★注意事項：忌咖啡色。

開運色調

綠色調 

淺紅色調 

最佳髮色

以原本的黑髮為主，可挑染棕紅色調或深藍色調（應潤澤、不可乾枯）。

最佳服飾

藍綠色、湖水綠，或是紅色系（粉紅色、桃紅色）。綠寶石、翡翠、粉晶、粉紅鑽等。

## 彩妝色調提案

**彩妝重點**　暖色調彩妝。以鮮明的線條感與喜氣的紅色調，突顯明亮立體的五官。

**注意事項**　大紅色調彩妝最重口紅的完美，若使用油質含量較高的唇膏或唇蜜，一定要先以唇線筆勾勒好唇型，以免唇膏外溢破壞妝容。

- 粉底：使用帶有粉紅色基調的粉底，或粉紅色調的蜜粉。
- 眉毛：自然的鐵黑色。
- 眼影：可使用暖色調的棕紅色，呼應過年的喜氣。
- 眼線：黑色。
- 睫毛膏：黑色。
- 腮紅：喜氣。可使用較為鮮豔的紅色調。例如：胭脂紅。
- 口紅：喜氣。可使用較為鮮豔的紅色調。例如：正紅色、朱紅色、中國紅等。
- 修飾：可使用淡粉紅色調的蜜粉，輕刷在臉部四周及耳垂等處，增添喜氣感。

# 月令開運彩妝 農曆二月

時間定義

農曆二月 / 卯月 / 春季。

開運部位

女性的右眼眼尾至太陽穴處。

最佳氣色

明亮中透出紅潤氣色。

開運色調

淺綠色調

潤紅色調

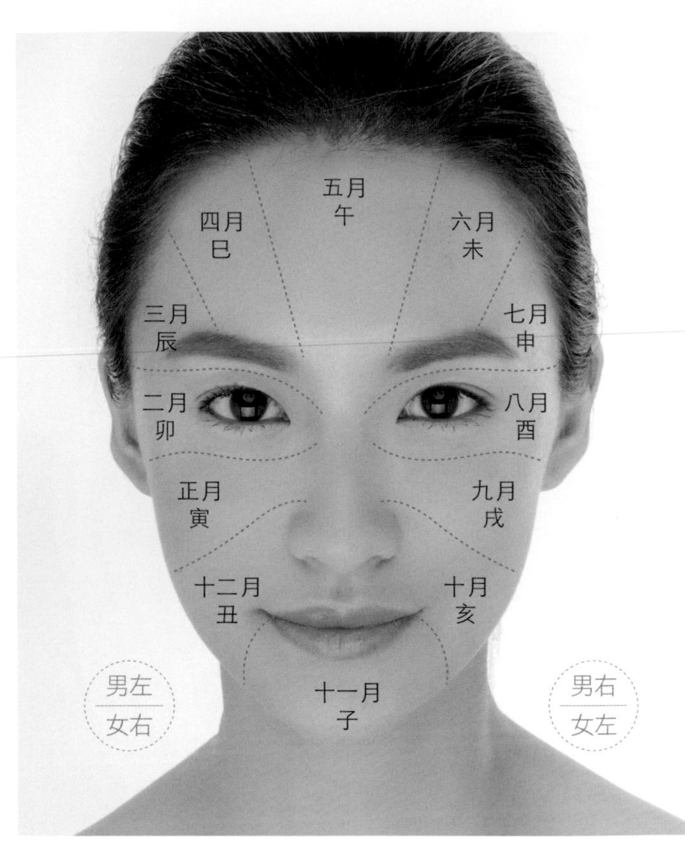


★注意事項：忌枯白色。

最佳髮色

以原本的黑髮為主，可挑染棕紅色調或深藍色調（應潤澤、不可乾枯）。男性不要留鬢毛，女性不宜過多瀏海。

最佳服飾

草綠色、翠綠色，或潤紅色系（粉紅色、桃紅色、潤紅色）。玉石、綠寶石、珊瑚寶石、粉晶等。

## 彩妝色調提案

**彩妝重點**　冷色調彩妝。營造如同春天乍暖還寒、冷中帶暖的色調感。不需刻意強調五官線條。

**注意事項**　最忌諱臉色枯白，可適度使用腮紅，或是粉色及桃色的蜜粉修飾臉部氣色。

- 粉底：可使用略帶粉紅色基調的粉底。
- 眉毛：自然的鐵黑色或黑色。
- 眼影：翠綠色。
- 睫毛膏：黑色。
- 腮紅：潤紅色最佳，例如：淺珍珠紅、粉紅色、粉桃紅色。
- 口紅：潤紅色調。例如：正紅或橘紅色、珊瑚紅。
- 修飾：可在額頭與鼻樑等T字部位，刷上略帶紅潤色調的蜜粉。

# 月令開運彩妝 農曆三月

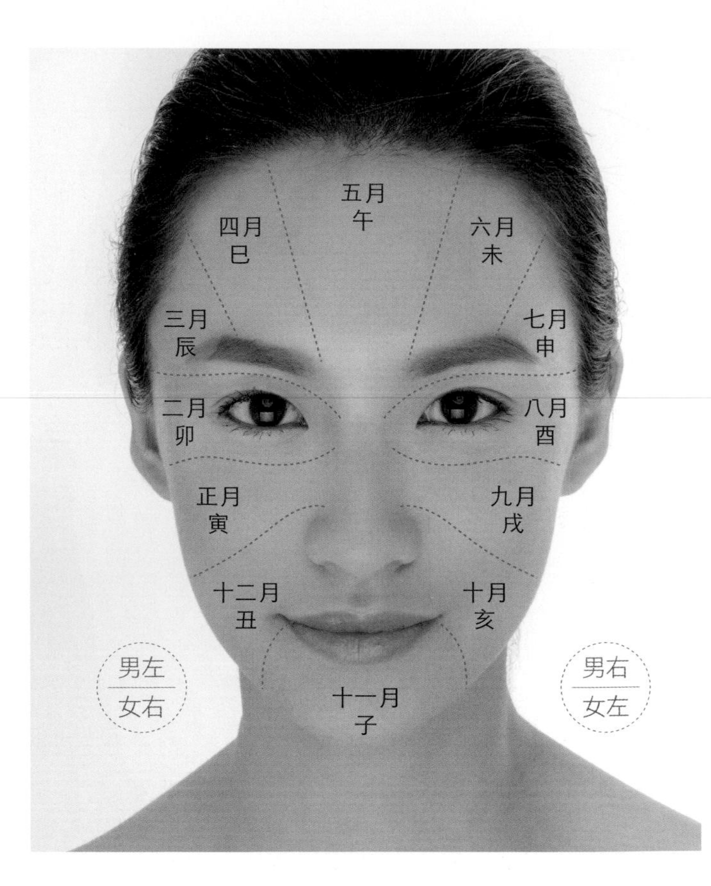


**時間定義**

農曆三月 / 辰月 / 春季

**開運部位**

女性的右眉尾附近部位。

**最佳氣色**

明亮的自然黃皮膚透出潤紅氣色。

★注意事項：忌黃色、滯色（灰濁色調）。

**開運色調**

正綠色調 

潤紅色調

正紅色調 

**最佳髮色**

以原本的黑髮為主，可挑染棕紅色調（應潤澤、不可乾枯）。不宜讓瀏海遮住眉毛。

**最佳服飾**

正綠色、墨綠色調，或是朱紅色、正紅色。翡翠、玉石、紅寶石、珊瑚寶石等。

## 彩妝色調提案

**彩妝重點**　中間色調彩妝。營造淡雅且和諧的色彩氣氛，並強調臉部的整體喜氣。

**注意事項**　畫眉尾時，注意不要脫妝，應加強眉尾的長度，最好要超過眼尾的長度。

- 粉底：採用淡粉紅色基調粉底。
- 眉毛：栗棕色。
- 眼影：翠綠色。
- 眼線：黑色。
- 睫毛膏：黑色或栗棕色。
- 腮紅：淡一點的紅色調。例如：鮭魚紅、玫紅色等。
- 口紅：淡一點的紅色調。蜜桃紅、橙紅色尤佳。
- 修飾：可在臉頰近髮際處及下巴四周，刷上淡淡的粉紅色調腮紅。

# 月令開運彩妝 農曆四月

**時間定義**

農曆四月／巳月／夏季。

**開運部位**

女性額頭右上方部位。

**最佳氣色**

明亮中透出自然的黃氣色。

**開運色調**

正紅色調 ●
紫紅色調 ●

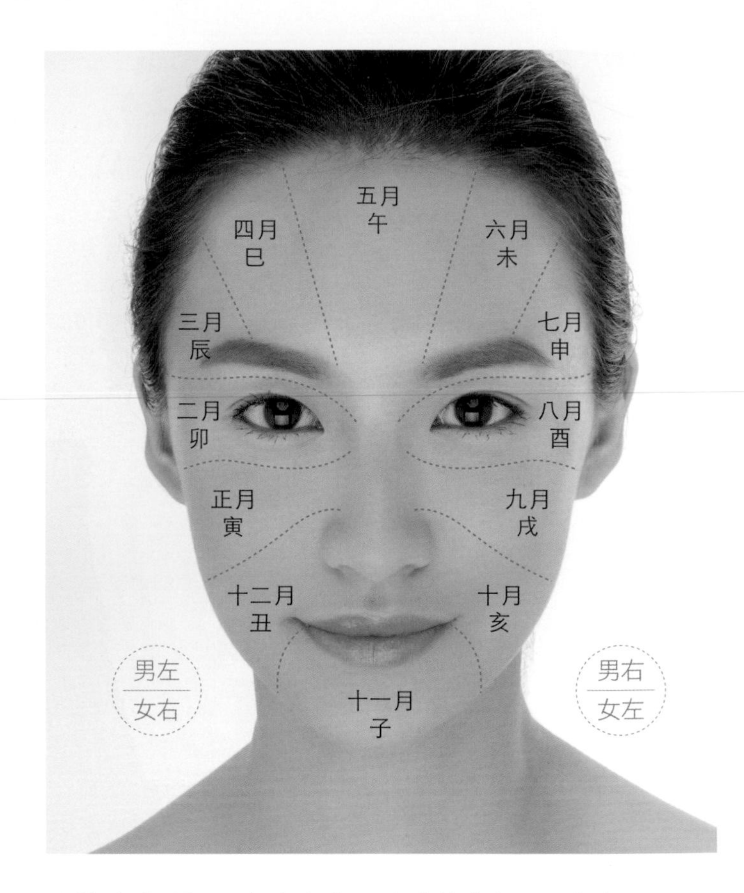


★注意事項：忌燥紅氣色、青暗枯白色、黑氣色。

**最佳髮色**

以原本的黑髮為主，可挑染棕紅或暗紅色調（應潤澤、不可乾枯）。

**最佳服飾**

紅色系或紫紅色系。紅寶石、珊瑚寶石等。

## 彩妝色調提案

| | |
|---|---|
| 彩妝重點 | 暖色調彩妝。整體使用帶有紫紅色基調的彩妝，強調出妝容的尊貴感。 |
| 注意事項 | 額頭的粉底是重點，千萬不能讓膚色呈現出暗滯、發青、枯白，或是偏紅。 |

- 粉底：選擇帶粉紅色基調的粉底，也可以在上粉底前先使用紫色調的飾底乳。
- 眉毛：暖色調的眉色，例如：咖啡色、栗粽色。眉尾可刷上些許的暖紫色調。
- 眼影：淡淡的暖紫色調。
- 眼線：暖紫色。
- 睫毛膏：暖紫色。
- 腮紅：紫紅色基調。
- 口紅：暖紫紅色、磚紅色。
- 修飾：額頭及鼻樑可刷上亮白色蜜粉，強調T字部位的明亮光彩。

# 月令開運彩妝 農曆五月

**時間定義**

農曆五月 / 午月 / 夏季。

**開運部位**

額頭中間部位。

**最佳氣色**

明亮中透出黃氣色。

**開運色調**

正紅色調 ●

紫紅色調 ●

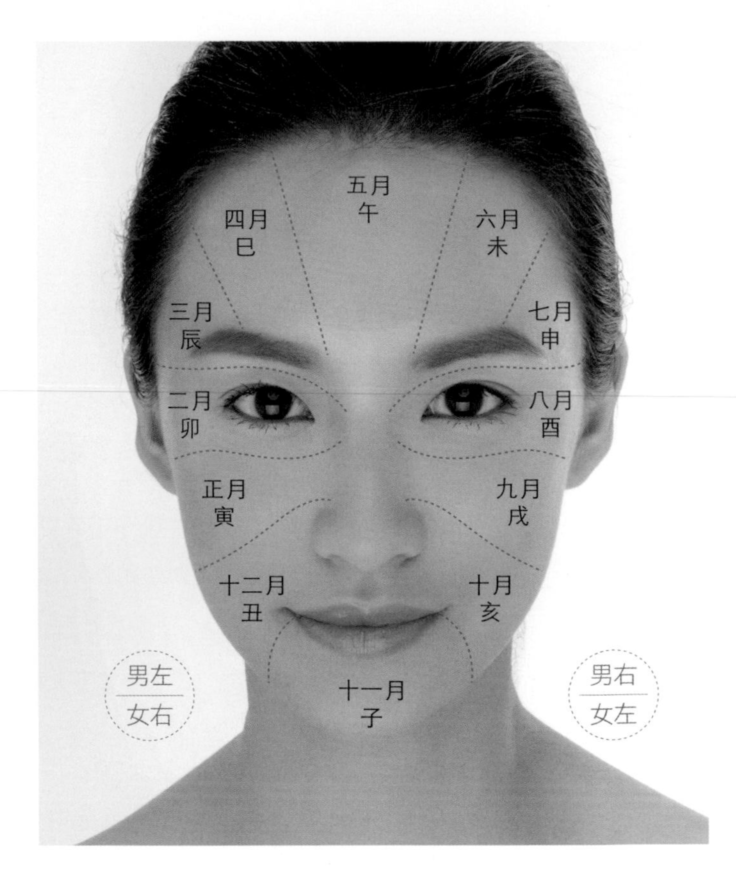


★注意事項：忌燥紅氣色、長痘痘，容易招惹是非、感情生變。忌蒼白氣色。

**最佳髮色**

以原本的黑髮為主，可挑染紅棕色或紫紅色調（應潤澤、不可乾枯）。

**最佳服飾**

紅色系（粉紅、桃紅或紫紅色）。紅寶石、粉晶、紅鑽石、紅珊瑚等。

## 彩妝色調提案

| 彩妝重點 | 獨特的紅潤冷色調彩妝。一反清雅的夏妝概念，冷豔中透出優雅迷人的氣質。 |
| --- | --- |
| 注意事項 | 別讓夏日高溫造成額部的燥紅感。痘痘、斑疤、痣及亂紋一定要適度遮瑕，盡量不要讓前額瀏海遮蓋住額頭。 |

- 粉底：使用象牙白色調的粉底，展現出黃明氣色的肌膚。
- 眉毛：冷色基調的咖啡色尤佳。
- 眼影：紫紅色。
- 眼線：冷色調的紫紅色。
- 睫毛膏：冷色調的紫紅色或黑色。
- 腮紅：冷色調的紅色系。例如：紫紅色、葡萄紅。
- 口紅：冷色調的紅色系。例如：紫紅色、酒紅、草莓紅等。
- 修飾：以象牙白色的蜜粉輕刷於額頭、鼻樑等T字部位，保持氣色黃明。

# 月令開運彩妝 農曆六月

**時間定義**

農曆六月 / 未月 / 夏季。

**開運部位**

女性額頭左上方部位。

**最佳氣色**

黃潤的肌膚中，透出亮澤氣色。

**開運色調**

冷暖色調的紅色系均可。紫紅色最佳。

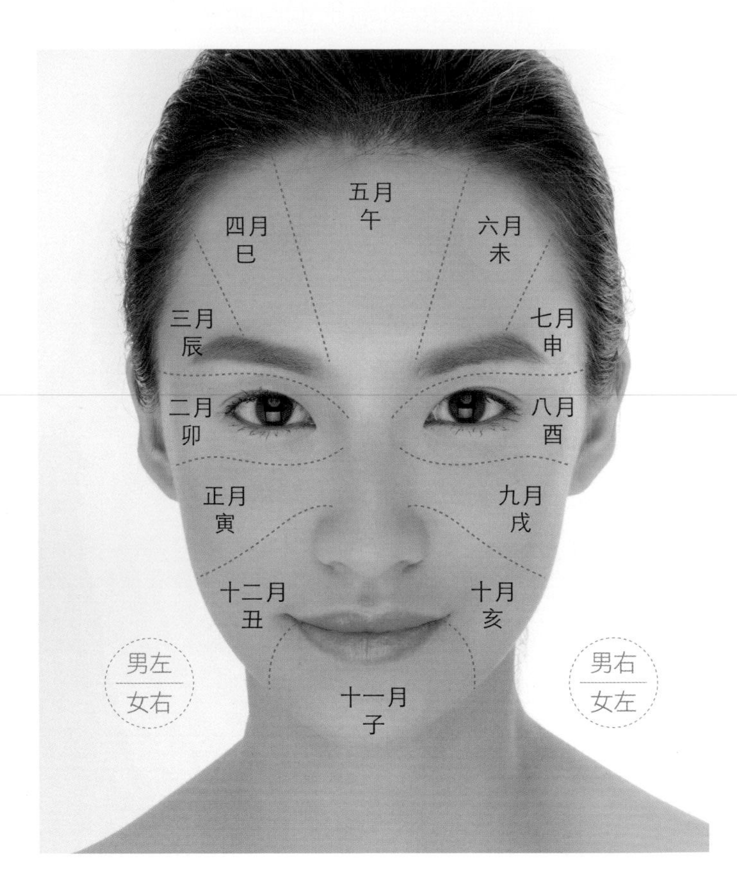


★注意事項：忌暗滯色（灰濁色調）。兩額角不可出現燥紅的赤氣色。

**最佳髮色**

以原本的黑髮為主，可挑染棕紅或暗紅色調（應潤澤、不可乾枯）。

**最佳服飾**

暖色調的紅色或紫紅系。紅寶石、紅鑽、黃金飾品等。

## 彩妝色調提案

| 彩妝重點 | 中間色調的中性彩妝。 |
| --- | --- |
| 注意事項 | 別讓夏日高溫造成額部的燥紅感。痘痘、斑疤、痣及亂紋一定要適度遮瑕，盡量不要讓前額瀏海遮蓋住額頭。 |

- 粉底：使用自然膚色基調的粉底，展現出黃明氣色的肌膚。
- 眉毛：可刷上栗棕色的眉彩。
- 眼影：紅色系、淡紅、微紅，或是中性的紫色系均可 。
- 眼線：紫色睫毛膏。
- 睫毛膏：紫色睫毛膏。
- 腮紅：桃紅色系（不可將腮紅刷得太紅）。
- 口紅：冷色調的紅色系。例如：淺紫紅色、磚紅、粉櫻紅。
- 修飾：以比較淺色的蜜粉輕刷於額頭、鼻樑等T字部位，保持氣色黃潤明亮。

## 月令開運彩妝 農曆七月

時間定義

農曆七月 / 申月 / 秋季。

開運部位

女性的左眉尾附近部位。

最佳氣色

黃潤肌膚中，透出明亮與紅潤氣色。

開運色調

黃色調

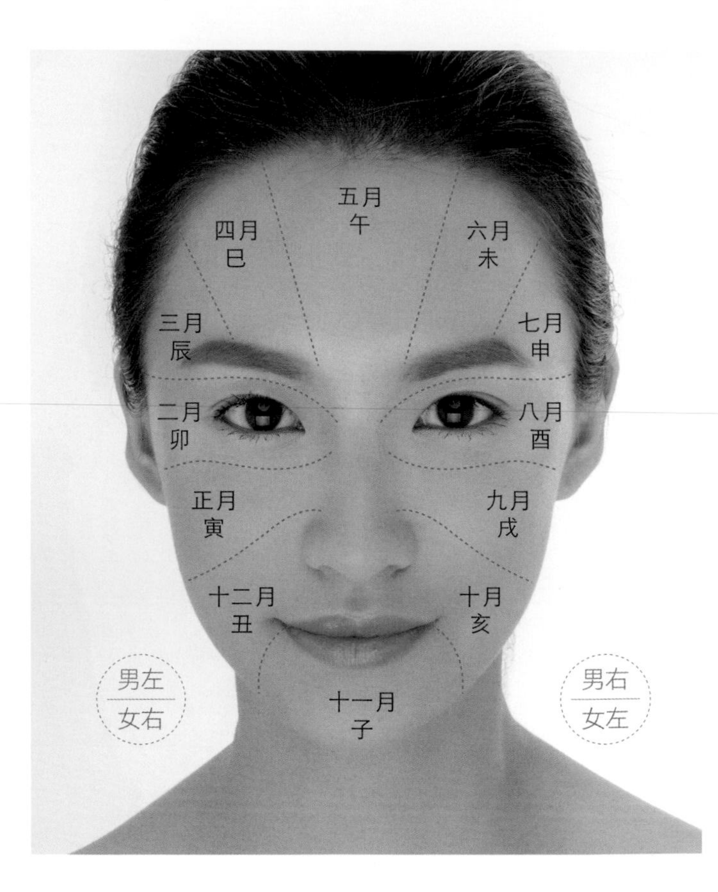


★注意事項：忌暗濁色。

最佳髮色

以原本的黑髮為主，可挑染紫紅色調（應潤澤、不可乾枯）。

最佳服飾

鵝黃色系。黃金飾品、黃色天珠、蜜蠟等。

## 彩妝色調提案

| 彩妝重點 | 強調五官線條的冷色調彩妝。勾勒出明亮又水靈的都會女性氣質。 |
| --- | --- |
| 注意事項 | 頭髮不要完全遮住耳朵。眉間的雜毛一定要去除。疤、痣、斑要適度遮瑕。 |

- 粉底：使用象牙白或自然膚色基調、具有透明光澤感效果的粉底。呈現出白潤、黃明的氣色。
- 眉毛：黑色。勾畫出自然的眉形。
- 眼影：微光的金屬色調最佳。
- 眼線：黑色。
- 睫毛膏：黑色
- 腮紅：不宜太紅（火剋金）。粉紅色、淡紫紅色均可。
- 口紅：不宜太紅（火剋金）。冷色調的粉紅裸唇色、玫瑰茶紅色等。
- 修飾：以較淺色或帶有微光色澤的蜜粉輕刷於額頭、鼻樑等Ｔ字部位，保持氣色潤白黃明。

# 月令開運彩妝 農曆八月

**時間定義**
農曆八月 / 酉月 / 秋季。

**開運部位**
女性的左眼眼尾至太陽穴處。

**最佳氣色**
宜明亮，不宜有青氣色（特別是顴骨處）。

**開運色調**
黃色調
金色調

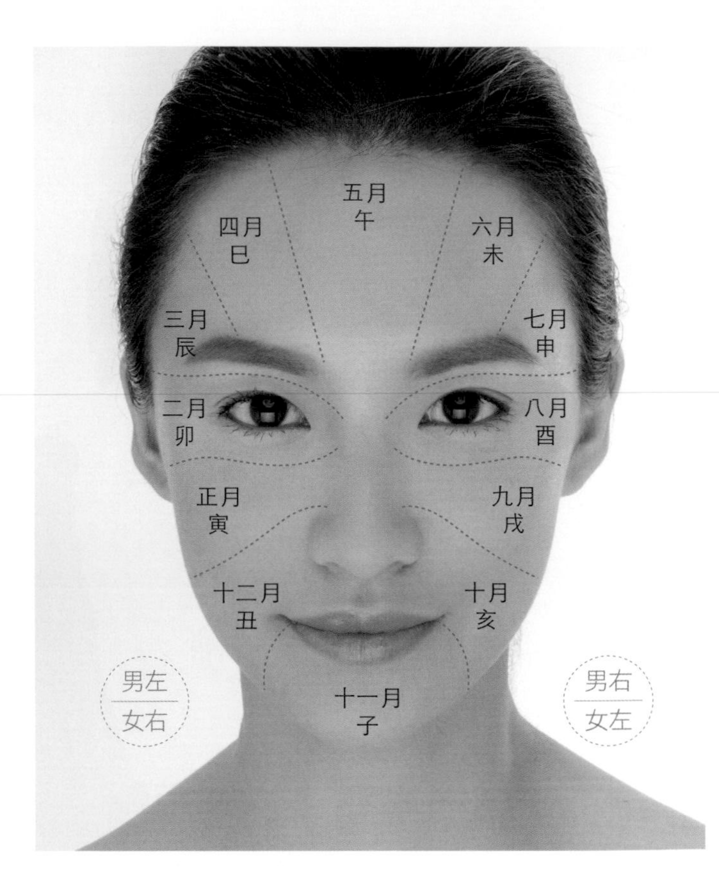


★注意事項：忌青色、暗綠色。

**最佳髮色**
以原本的黑髮為主，可挑染金色或金棕色調（應潤澤、不可乾枯）。

**最佳服飾**
金色、黃色系。黃金飾品、黃鑽、黃色天珠、蜜蠟、琥珀等。

## 彩妝色調提案

彩妝重點

充滿時尚感的中性彩妝。自然而明亮的眼妝，搭配重點唇色。妝容一派俐落帥氣。

注意事項

痘痘一定要適度遮瑕。最忌肌膚燥紅，可適度使用冷凝露，或使用色澤明亮、較膚色淺一點的粉底或蜜粉上妝。

- 粉底：使用象牙白或自然膚色基調、具有透明光澤感效果的粉底。呈現出白潤、黃明的氣色。
- 眉毛：黑色（金水相生）最佳。
- 眼影：以象牙白至淺棕色系，畫出自然漸層。
- 眼線：黑色。或可略帶金屬光澤。
- 睫毛膏：黑色。或可略帶一些金屬光澤。
- 腮紅：淺玫瑰紅，可選擇具有珍珠微光效果的胭脂。
- 口紅：正紅色、寶石紅、裸膚紅色調均可。可加上帶透明光澤、微亮金屬光的唇蜜或唇彩。
- 修飾：完妝時，可在額頭、鼻樑及臉部四周刷上具有微光的蜜粉，讓整個臉明亮起來。

## 月令開運彩妝 農曆九月

時間定義

農曆九月 / 戌月 / 秋季。

開運部位

女性的左邊耳垂旁。

最佳氣色

宜明亮，不宜有青氣色（特別是顴骨處）。

開運色調

白銀色調

金色調

黃色調

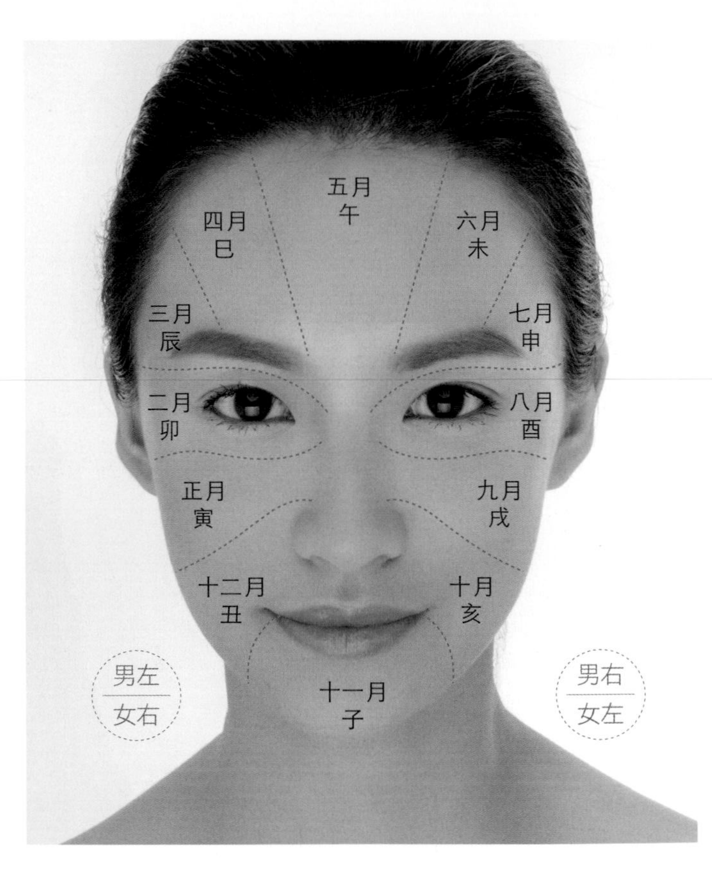


★注意事項：忌暗滯色（灰濁色調）。

最佳髮色

以原本的黑髮為主，應多護髮，保持秀髮光澤。可挑染金色或金棕色調（應潤澤、不可乾枯）。

最佳服飾

金色、銀色、白色、黃色、鵝黃。白銀與黃金飾品等。

## 彩妝色調提案

| | |
|---|---|
| 彩妝重點 | 時尚級瓷光彩妝。營造臉部的透明感與光澤感。洗淨秋日帶來的不良氣色。 |
| 注意事項 | 化妝前應先將唇上方的汗毛剔除。一定要完全遮瑕。頭髮不要完全遮住耳朵、額頭。 |

- 粉底：使用象牙白或自然膚色基調、具有瓷光感效果的粉底。呈現出白潤、黃明的氣色。
- 眉毛：自然黑色，或是刷上暖色調的咖啡色眉彩。
- 眼影：黃色、淺棕色漸層，也可以使用帶有暖色調感的金屬光澤眼影。
- 眼線：黑色最佳（金水相生）。
- 睫毛膏：黑色最佳（金水相生）。
- 腮紅：蜜桃紅、珊瑚紅，營造瓷光與溫暖感。
- 口紅：朱紅色、珊瑚紅，或淺棕紅色等暖色調有光澤感的紅色系。
- 修飾：完妝時，可在額頭、鼻樑刷上具有微光、較膚色淺一點的蜜粉，營造氣色潤白黃明感。

# 月令開運彩妝 農曆十月

### 時間定義

農曆十月 / 亥月 / 冬季。

### 開運部位

女性的左顴骨下方至左腮部位。

### 最佳氣色

明亮透出光澤。不宜顯出燥紅氣色。

### 開運色調

白色調 ○
亮黑色調 ●

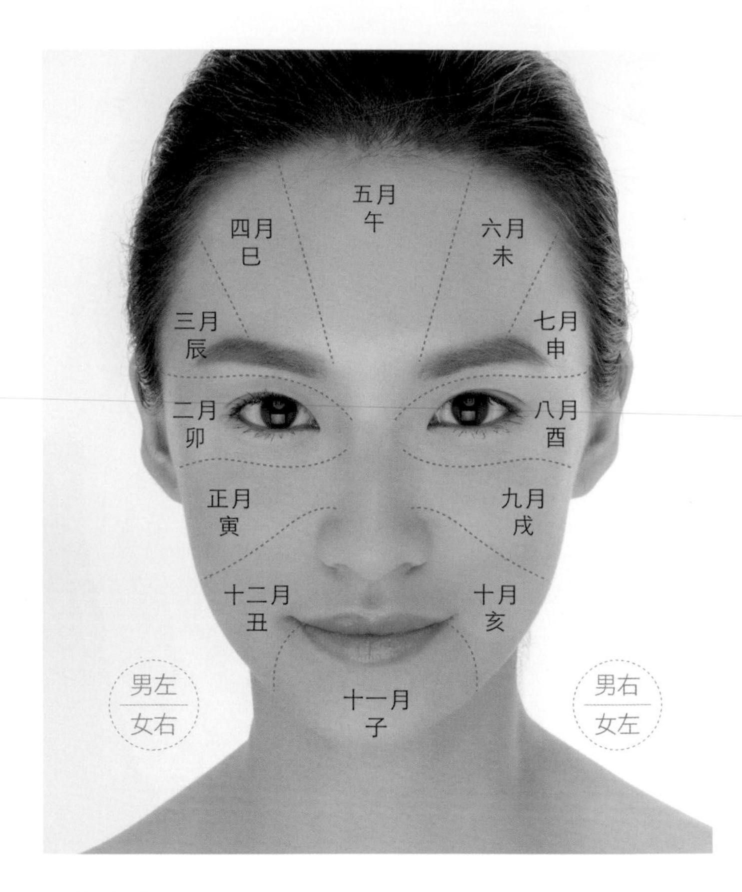


★注意事項：忌黃滯色（灰濁色調）。

### 最佳髮色

黑髮，應多護髮，保持秀髮光澤。可試著將髮色染得更黑更亮。

### 最佳服飾

最適合黑白配。黑珍珠、白珍珠、黑鑽、黑水晶。

## 彩妝色調提案

| | |
|---|---|
| 彩妝重點 | 最適合中性彩妝與中性造型。也可運用醫美，營造臉部晶亮瓷般的氣色。 |
| 注意事項 | 最忌因季節變化造成的皮膚脫皮、乾燥等狀況，也會因此影響底妝的服貼度。記得勤保養，多敷保濕面膜，使用長效型的保濕精華。 |

- 粉底：使用象牙白或自然膚色基調、具有瓷光感效果的粉底。呈現出明亮白皙的晶亮瓷氣色。
- 眉毛：自然的鐵黑色或黑色。
- 眼影：黑色系，畫出小煙燻眼妝。
- 眼線：黑色。
- 睫毛膏：黑色。
- 腮紅：粉膚紅色或膚橘色調，營造淡雅的妝感。
- 口紅：粉膚紅色或膚橘色調的唇色，不需強調紅潤感，可保留酷酷的時尚妝感。
- 修飾：完妝時，在額頭、鼻樑輕刷上晶亮瓷感的蜜粉，營造潤白明亮的瓷色好膚質。

# 月令開運彩妝 農曆十一月

時間定義

農曆十一月 / 子月 / 冬季。

開運部位

下巴部位（地閣）。

最佳氣色

晶白的光澤。不宜顯出燥紅氣色。

開運色調

白色調

黑色調

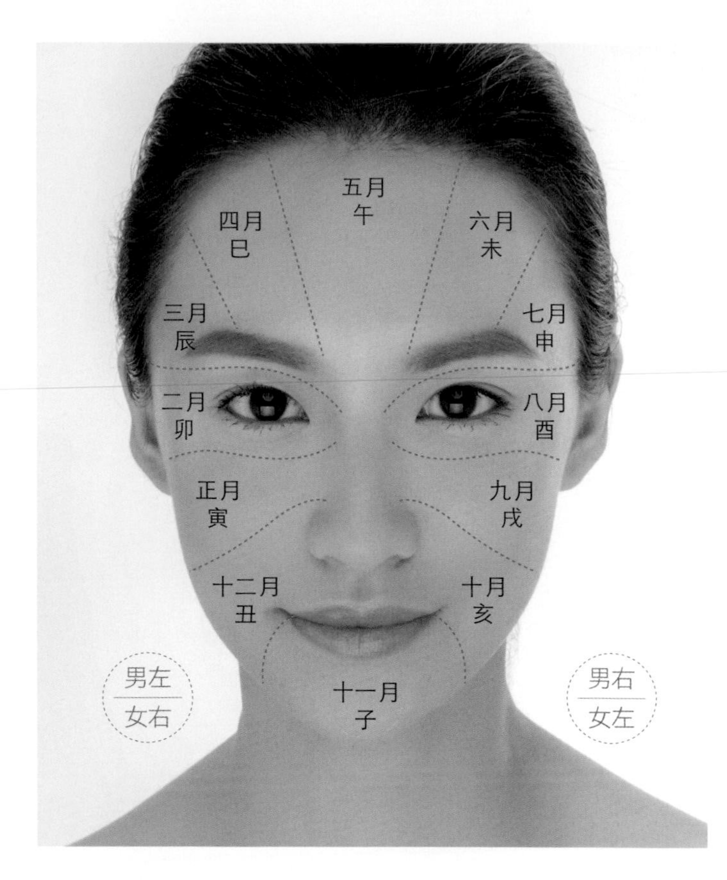


★注意事項：忌黃滯色（灰濁色調）。

最佳髮色

黑髮，應多護髮，保持秀髮光澤。可試著將髮色染得更黑更亮。

最佳服飾

適合黑白配，也可以在黑白中加入與口紅色系相映的紅色調。黑珍珠、白珍珠、黑鑽、黑水晶，黑色髮飾。

## 彩妝色調提案

| | |
|---|---|
| 彩妝重點 | 以明亮的眼唇對比，刻畫出深刻的彩妝印象。 |
| 注意事項 | 最忌臉部呈現晦暗與泛黃的氣色。可使用明亮的對比色調，展現鮮明的表情與臉部元氣。 |

- 粉底：使用象牙白或自然膚色基調、具有瓷光感與長效保濕效果的粉底。
- 眉毛：黑色中略帶暖色調。
- 眼影：暖咖啡色調或大地色系。
- 眼線：搭配眼影，使用黑色、深棕色或咖啡色系。
- 睫毛膏：黑或咖啡色系。
- 腮紅：不需過度強調腮紅色澤，讓口紅表達彩妝印象。
- 口紅：暖色調的深紅色，讓口紅成為整款彩妝的設計重點。
- 修飾：完妝時，在額頭、鼻樑、眼下等處輕刷上晶亮瓷感的蜜粉，一掃臉部的暗滯氣色。

# 月令開運彩妝 農曆十二月

時間定義

農曆十二月 / 丑月 / 冬季。

開運部位

女性的右顴骨下方至右腮部位。

最佳氣色

晶白的光澤。不宜顯出燥紅氣色。

開運色調

白色調

黑色調

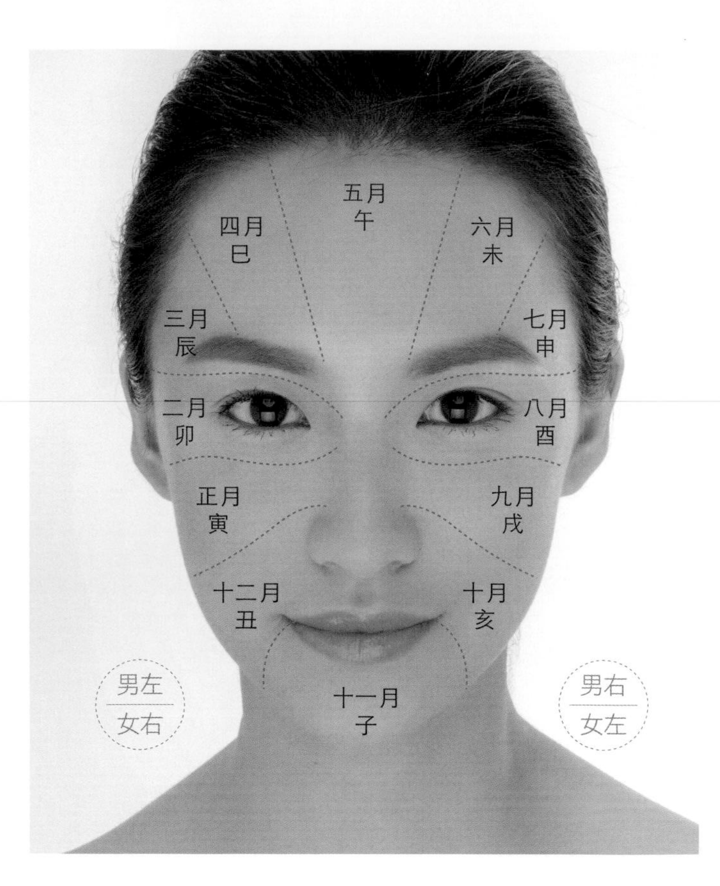


★注意事項：忌黃滯色（灰濁色調），最忌土黃色。

最佳髮色

黑髮，應多護髮，保持秀髮光澤。可試著將髮色染得更黑更亮，也可以局部挑染棕紅色調。

最佳服飾

適合黑白配，也可以搭配局部翠綠與紅色。黑珍珠、白珍珠、黑鑽、黑水晶，黑色髮飾，或是少數的翡翠及紅寶石。

## 彩妝色調提案

| | |
|---|---|
| 彩妝重點 | 經典的冷色調彩妝。運用明亮與對比的色調，在冷冽的寒冬打造完美的時尚印象。 |
| 注意事項 | 最忌大地色系。即使穿著大地色調的服飾，也不要讓彩妝失去亮麗的印象。 |

- 粉底：使用象牙白或自然膚色基調、具有瓷光感與長效保濕效果的粉底。
- 眉毛：取用黑色畫出自然而鮮明的眉妝。
- 眼影：湛藍色或深藍色。
- 眼線：深藍色或黑色。
- 睫毛膏：深藍色睫毛膏。
- 腮紅：粉紅色調。
- 口紅：淡淡的粉紅色調，讓眼妝成為彩妝焦點。
- 修飾：在額頭、鼻樑、眼下等處輕刷上晶亮瓷感的蜜粉，揮去臉部的暗沉。

# Part 3

## 深入篇

FORTU
MAKEU

# 七大防線的微整型開運彩妝

第一道防線【眉棱骨】

第二道防線【下眼線】

第三道防線【臥蠶】

第四道防線【鼻準頭鼻翼／井灶】

第五道防線【人中兩側稜線】

第六道防線【上唇稜線】

第七道防線【下巴】

Fortune Makeup

# 七大防線的微整型開運彩妝

鈺珠的第二本著作《流年開運彩妝》中，曾經提及我的恩師蕭湘居士所主張的「三關四隘」。所謂「三關四隘」，意指人一生當中會遭遇到的三道關卡與四道瓶頸，也就是人們於不同的人生階段，在心理與生理上的重要轉折點。這「三道關卡」分別為：15、25、35歲；「四道瓶頸」則是41、51、61和71歲四個瓶頸。

本書中，鈺珠則感恩李福道師兄，與鈺珠共同創新提出了「七大防線開運化妝」。人生「七大防線」是人相學史無前例首創的全新論述，「七大防線」與「三關四隘」論述最大的不同點，在於七大防線主要是探討現代人進入人生黃金時期之後的事業與財運。所謂「防線」，即是人生的「財庫防線」，也是成就人生事業更加順利、賺錢更加容易，能安守個人財庫並防止他人劫財的面相特徵。

## 守住人生七大防線

人們常說：「錢不是萬能的。」但是，沒有錢卻真的萬萬不能。金錢雖然不是人生的唯一，但人生擁有足夠的財庫，不僅讓人活得有尊嚴，也能讓人生更加自由自在。人相學「七大防線」主題中的第一道防線——眉棱骨，是從人生的34歲開始界定，也就是大多數人在人生職場上奮鬥了大約十多年之後，第一階段的事業成績所造就的人生財庫。守住第一道防線，就是守住了你人生的第一個財庫。

「七大防線」的第二道至第七道防線則分別是：下眼線、眼下臥蠶、鼻準頭鼻翼（井灶）、人中兩側稜線、上嘴唇稜線以及下巴（地閣與頌堂）。每一道防線分別象徵不同年齡階段的財庫，所有防線之中，尤以臥蠶最為關鍵、最為重要，無臥蠶，即使賺了錢，也不易存錢。防線本身條件符合相理條件，就能守住人生每一階段的財庫，到了老年時，就能生活無虞、安享晚年。

「七大防線開運化妝」是藉由化妝技巧來彌補面相防線上的不足，鈺珠為每一階段設計了關鍵性的化妝小技巧，並提出目前微整型科技所能達成修正面相的概念，讀者不需要高超的化妝技術，也無需擔心是否會影響原本自己的喜好或是設定好的時尚妝容，即使本身習慣接近素顏的裸妝，甚至是男性，都能輕鬆運用。期望大家記得在每日完妝時，依個人的年齡區間，選擇書中的開運化妝重點技巧，掌握住關鍵性的概念，修正面相防線，只要畫對了，就能輕鬆守穩個人財庫，進而開創財源、享受人生。

## 人生七大防線＆微整型開運化妝重點

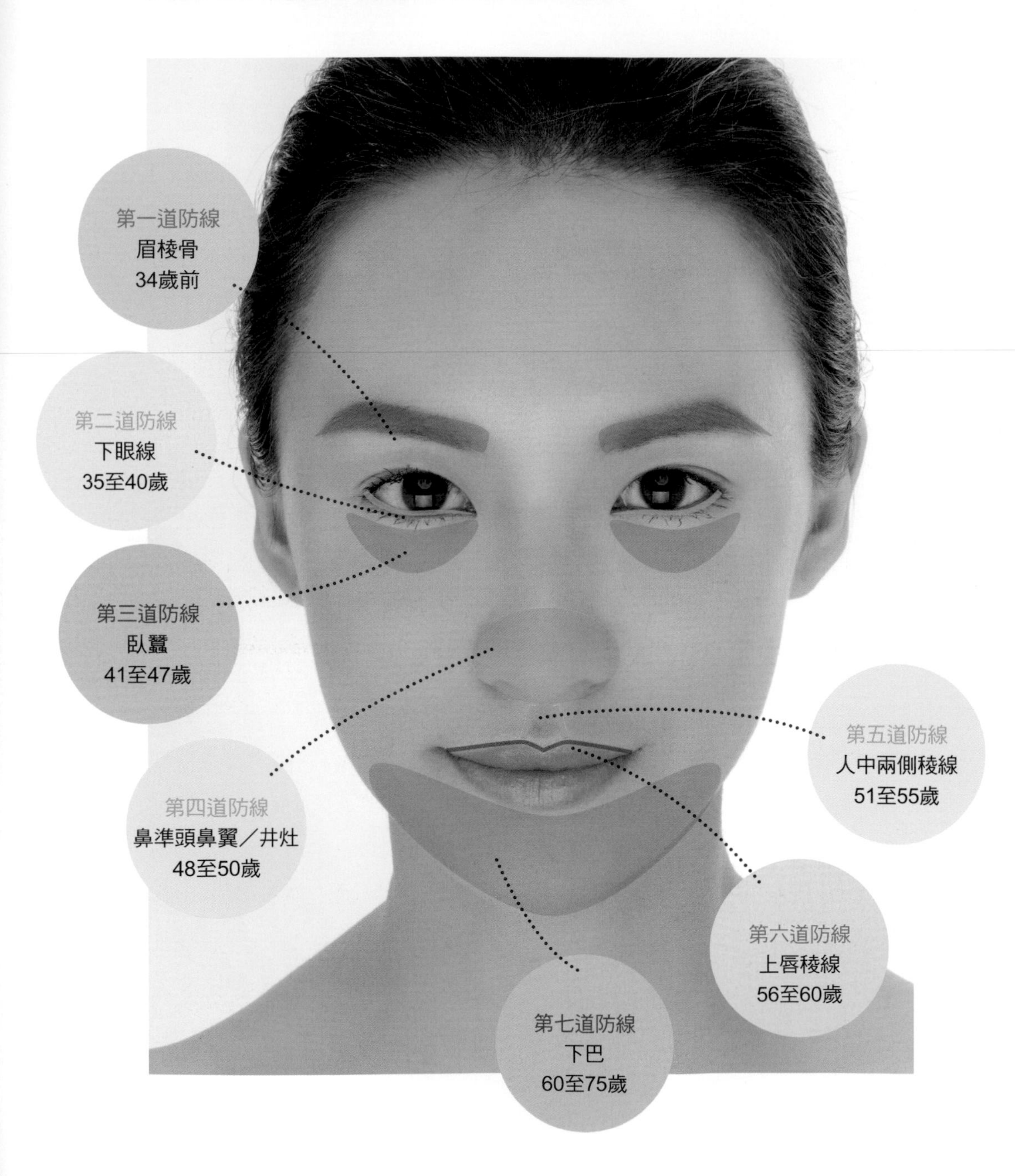

### 第一道防線【眉棱骨】——34歲前

- 彩　妝：眉毛一定要畫在眉棱骨上。可配合眼睛大小來調整眉毛的粗細、濃度，眉眼大小一定要相配，千萬不要大眼配細眉、小眼配粗眉。
- 微整型：透過微整型調整眉棱骨部位時，可加強眉棱骨的高度與眉毛左右兩邊的均衡感，不僅有助於守住面相防線，也能塑造臉部立體感。

### 第二道防線【下眼線】——35至40歲

- 彩　妝：運用下眼線補強防線運勢。基本畫法是以黑色眼線筆畫在眼瞼下方的內側部位，稍微描畫至1/4處即可，不需畫得太明顯。
- 微整型：可搭配具有放大黑瞳效果的彩色隱形眼鏡，或戴上具造型效果的眼鏡，以修飾或遮飾不佳的眼神。

### 第三道防線【臥蠶】——41至47歲

- 彩　妝：可使用亮白色的眼影或修容餅，輕刷於眼下臥蠶部位，讓臥蠶變得比較明顯。
- 微整型：以微整型的方式（例如：注入玻尿酸等）創造眼下臥蠶，使其自然豐隆。

### 第四道防線【鼻準頭鼻翼／井灶】——48至50歲

- 彩　妝：以較膚色淺一些的蜜粉或修容餅，輕刷於鼻準頭及鼻翼（財庫），讓部位變得較豐厚、氣色更明亮。
- 微整型：可藉助微整型的方式（例如：注入玻尿酸等）調整鼻準頭或鼻翼的大小，使之均衡豐隆。

### 第五道防線【人中兩側稜線】——51至55歲

- 彩　妝：不妨使用色號較膚色更白皙一點的遮瑕筆或膚色眼線筆，在人中稜線上畫出自然亮澤感，使人中兩側稜線更加突顯。
- 微整型：不需要動刀或動針，每天反覆以自己的手捲動人中部位，長時間下來，能讓人中的稜線更明顯。

### 第六道防線【上唇稜線】——56至60歲

- 彩　妝：在畫口紅之前，可先使用膚色唇線筆打底，並勾畫出較鮮明的上唇稜線，之後再上色。
- 微整型：豐唇注射微整型可適度調整上唇稜線，再配合化妝技巧，就能呈現出完美的唇形防線。

### 第七道防線【下巴】——60至75歲

- 彩　妝：基礎化妝法是在完妝時，使用較膚色白皙且具光澤感的蜜粉，輕輕撲於整個下巴部位，讓下巴部位變得更鮮明而立體。
- 微整型：可透過微整型注入的方式調整下巴的造型，使之更符合相理美標準。

從古至今，面相學向來以75歲（七十五部位流年相法）作為人生的界定。如今，現代醫學發達，壽命延長，活過75歲的人比比皆是。綜觀相書上的標示，76歲以後各歲數流年運的位置，是為七十五部位流年圖的外圈數字。但鈺珠認為，75歲之後，應以整體精、氣、神論命，而不以五官面相論命。想要擁有快樂的老年生活，唯有常保心情愉快、心靈平靜，不生氣、不煩惱，有病治病、按時吃藥，保持生活作息正常，平日修身、修心、修德、修行，與晚輩子孫們和樂相處，方可長命百歲。

Fortune Makeup

## 第一道防線 眉棱骨

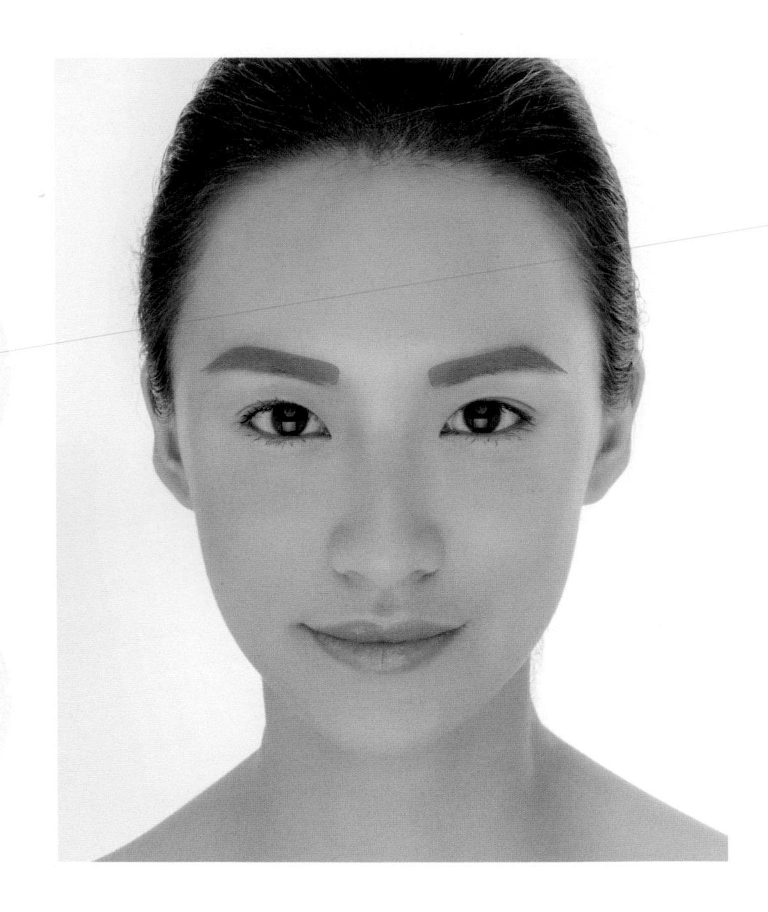

### 防線時間點

34歲前。

### 防線重點

守住人生
第一桶金。

### 微整型重點

可透過注射型微整來調整眉棱骨高度，或平衡左右兩邊眉棱骨與眉毛的高低。

### 開運彩妝重點

1.創造眉棱骨的高度。
2.讓眉毛隨眉骨起。
3.配合眼睛大小與眉骨高度，適當調整眉毛粗細。

眉骨又稱為「眉棱骨」，在面相學中，除了五官相法的眉毛部位之外，眉骨的高低與形式，也關係著命運的禍福吉凶。眉棱骨代表一個人處世的積極度，眉骨高的人個性較有氣魄，有積極進取的欲望，肯苦幹實幹。眉骨適度凸起、眉隨骨起者，個性穩定，人際關係良好，因而能得到貴人相助，也守得住錢財。

但眉骨也不能過凸或過高（面相學謂之凸露），反而顯得自尊心太強，個性過於剛烈、性格衝動，行事風格太強烈、疑心重，容易對現實不滿，因而往往處處樹敵，人際關係不佳而影響個人事業與財源。反之，若是眉棱骨凹陷或眉不隨骨起（眉毛不長在眉骨的位置上）的人，往往缺乏自信，凡事不主動，做事草率、馬虎，有時候會給人城府深、心機重，而且愛記仇的印象。

依流年相法，眉棱骨部位正好行運至34歲，天生眉棱骨凹陷，或是眉棱骨及眉毛左右高低不一者，可求助醫美微整型做臉部微調。此外，眉棱骨與眉形、眉毛的濃淡及眼形之間的關係相當密切。化妝時，一定要將眉毛確實畫在眉棱骨上，眼睛較大的人，眉毛可以畫稍微粗一些；眼形較小者，眉毛可以畫細一點、淡一點。

眉棱骨是七大防線中的第一道防線，防線的優劣往往足以決定現代人人生婚姻初階段的物質生活品質。而開運化妝技巧最重要的也是畫眉毛，此單元中，鈺珠以較簡單的小技巧，來改變眉骨的視覺感，第四章中，將會以更大更詳細的篇幅，來介紹具微整型級效果的完整畫眉技巧。

## 自由塑造眉棱骨高度

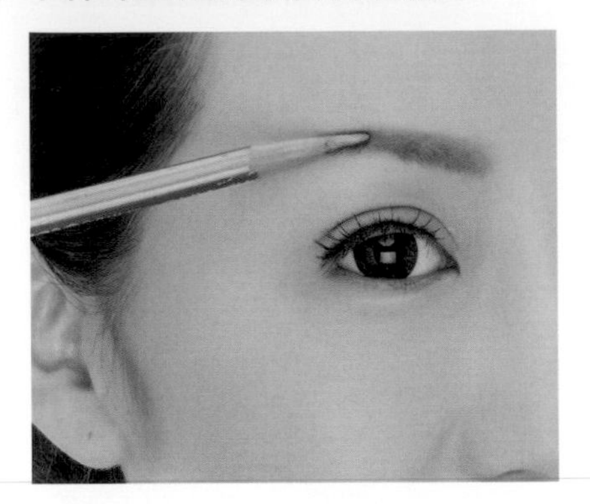

STEP 1

先找到眉峰的位置（以眼珠外側至眼尾之間為標準，此部位的正上方，即是眉峰）。眼尾下垂者，眉峰可比眉頭提高約0.3至0.5cm，定出眉峰高度。

STEP 2

再以眉筆由眉峰往眉頭，順著眉棱骨畫出完美的眉形弧度。

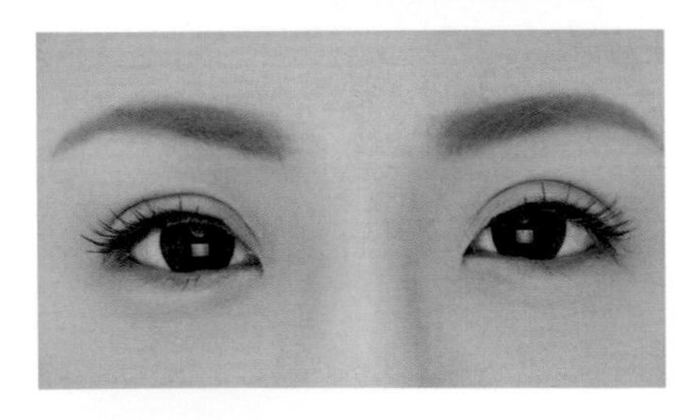

STEP 3

最後以眉筆由眉峰畫至眉尾（長度要超過眼尾），並以眉梳梳順整個眉毛，讓眉形自然柔和。

## 畫對眉毛，隨眉骨起

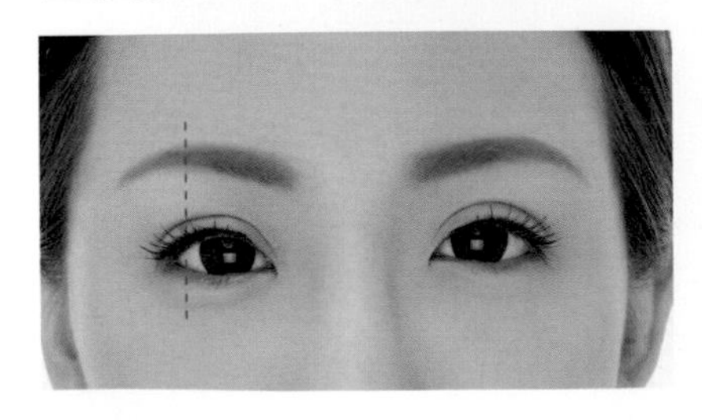

STEP 1

眼珠外側正上方，就是標準眉峰位置（眼珠外側和眼尾間的中心點）。

STEP 2

以眉筆描繪出方中帶圓的自然眉頭，然後順著眉稜骨的弧度，由眉峰畫至眉尾。畫眉尾時，應注意眉尾不能低於眉頭，切勿畫成下垂眉、一字眉或是箭眉。

## 小技巧調整眉形，輕鬆加粗眉毛或打薄眉毛

STEP 1

眉毛太濃密、太粗的人，要定期修眉。修剪眉毛時，以手指或眉梳（齒梳）由下往上輕輕按壓眉毛，再以眉毛剪將較長、超出眉形外的眉毛剪掉即可，眉形線條會顯得乾淨順暢。

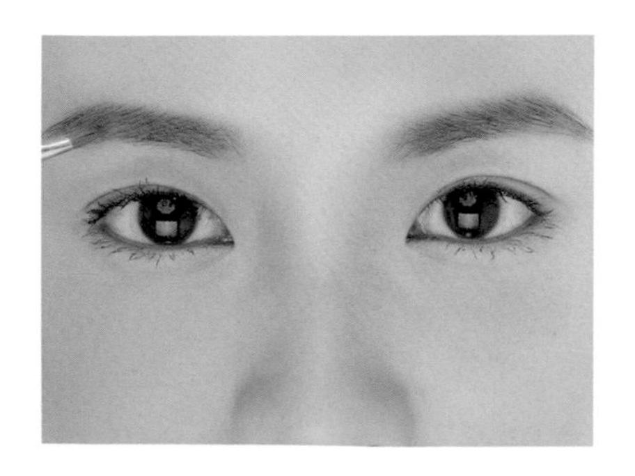

STEP 2

畫眉時，應注意配合眼睛大小，小眼睛粗眉者，打薄眉毛後輕輕自然畫眉即可，能使眉毛更加柔和自然；大眼睛細眉者，則以眉筆仔細勾勒眉形，並適度加粗眉毛寬度，可使眉形更加立體。

## 第二道防線 下眼線

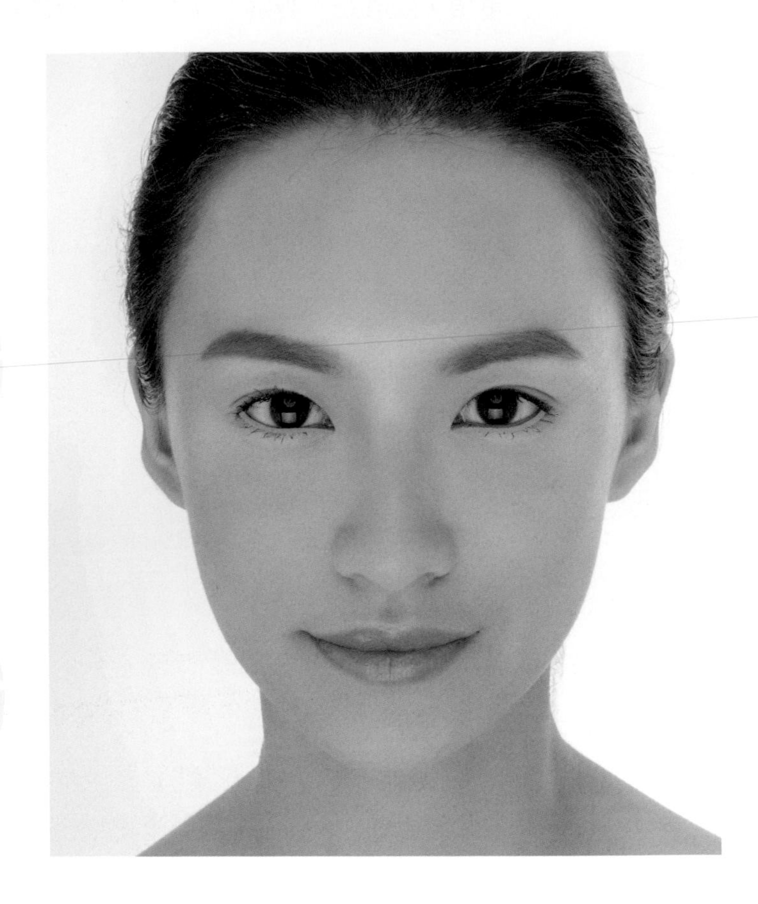

防線時間點

35至40歲。

防線重點

守住人生創業期現金與家庭財富。

微整型重點

可透過眼尾微整，拉長或拉緊下眼瞼，藉此改善三白眼、四白眼等不佳眼形。

開運彩妝重點

1.內眼線妝法，既時尚又開運。
2.彩妝搭配放大黑瞳隱形眼鏡。

達摩面法認為：「面相十分，眼占五分。」人相學家觀察眼相，以眼神最為重要，眼神佳，無論在事業、財富或感情生活上都比較順遂。然而，眼神非常抽象，對於初識面相的人來說，很難具體解釋，也並非微整型或化妝所能立即改變，唯有修身養性，始能相隨心轉。

除了眼神之外，眼球的大小與位置，以及眼形、眼線的形式，在眼相中也占有非常重要的分量。依眼球的大小與位置來看，面相學認為最常見的不佳眼形是：三白眼及四白眼。七大防線中的第二道防線，指的是下眼線。眼線在面相中是財線，也是情緣線，防線不佳，大多為離鄉奔波之人，人生波折風險多、財富不聚，其中又以下眼線外翻的人，情況最為嚴重。而面相所謂「下眼線無欄」，指的就是下三白眼與四白眼。

## 下三白眼

性格優點是重情義，有毅力、個性主動，有百折不撓的精神，但有的時候為了達到目的，會不惜付出任何代價。個性比較好強，自我觀念也強，不太容易接受他人的意見，且嫉妒心較重。由於性格使然，許多三白眼的人在現今社會中，容易得到一定的成就，在事業上占有一席之地，但一生中所遇之驚險，也比一般人來得多。

## 四白眼

眼珠較小，正眼直視時，眼珠上下左右皆被眼白包圍。四白眼的人通常極聰明、反應快，有才能、行事果斷，適合居於領導地位，但個性比三白眼者更為強烈，任性貪多、性格急進，雖然做事通常能貫徹始終，但應避免性格過於極端，以免影響事業、婚姻，造成孤獨。

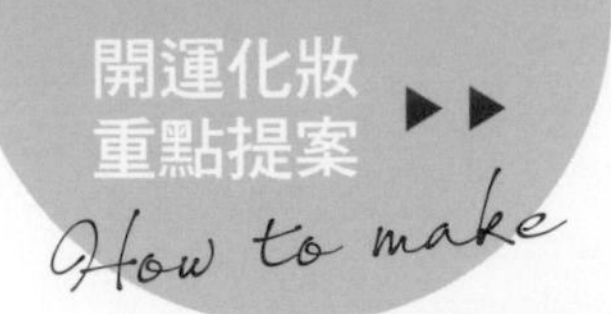


## ◆隱形眼鏡＋眼線＋眼影，畫出自然的下眼線

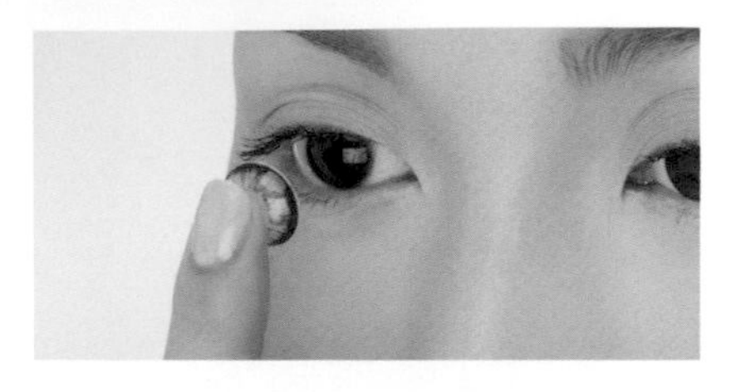

STEP 1

戴上具有放大黑瞳效果的彩色日拋黑色隱形眼鏡，能夠立即修正三白眼及四白眼。

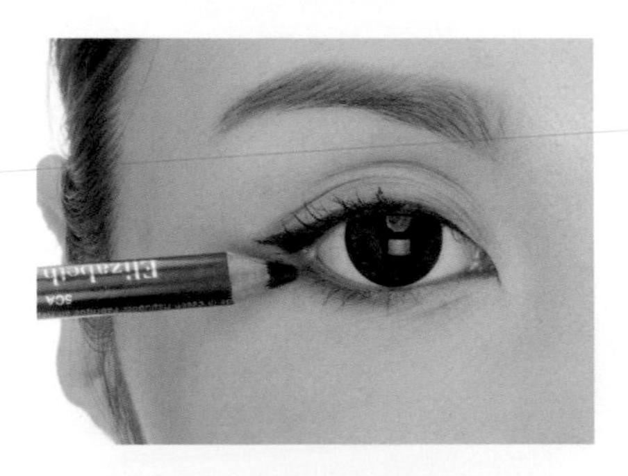


STEP 2

以黑色眼線筆由眼尾沿著下睫毛根部，往眼球中間下方畫至下眼線1/2處收筆。描畫時，眼尾較粗，至眼珠中間收筆讓線條自然消失。

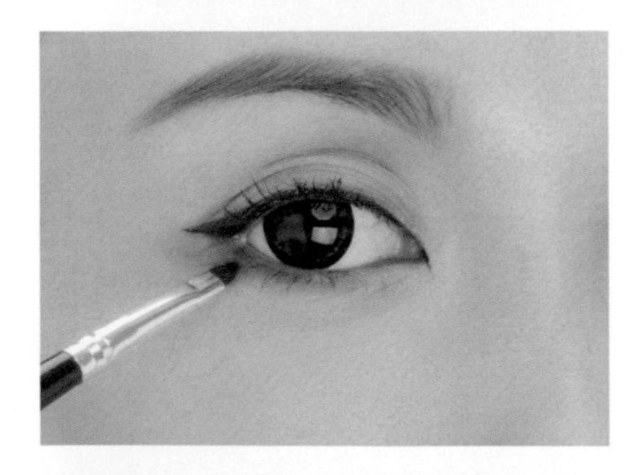

STEP 3

想要眼線更持久，可使用黑色眼影再次重疊在畫好的下眼線上。

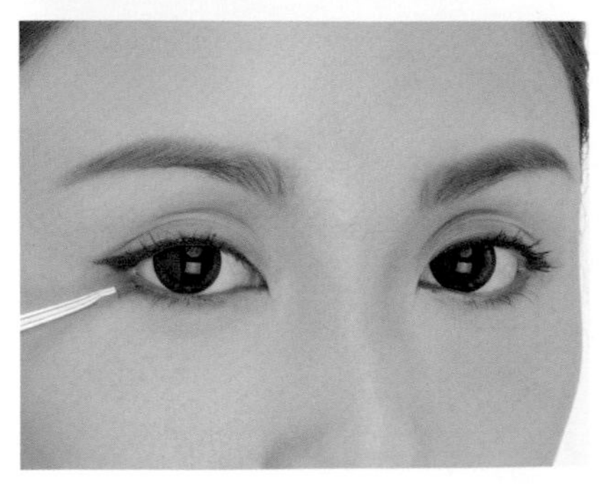

STEP 4

近來流行的韓系「人工淚液」假眼線畫法，也是隱形眼鏡一族可合併運用的好方案。眼影刷沾取人工淚液，再沾取眼影畫在睫毛根部，不僅令眼影更加持久，眼線也更柔和，有隱隱約約的美感，讓眼睛看起來很有神！

## ◆ 內下眼線基本畫法：畫內下眼線1/3

STEP 1

以黑色眼線筆，由眼尾畫往眼頭，畫至下眼線1/3處收筆即可。

STEP 2

為了讓眼線線條看起來柔和不僵硬，可使用眼線刷，或是海綿頭式的眼線筆或棉花棒，將眼線的線條處理得更柔和一些。

## ◆ 內下眼線時尚畫法：畫滿內下眼線

STEP 1

先以黑色眼線筆由眼尾畫至眼頭，再以眼線刷沾取適量黑色眼影，重疊暈染下眼線處，製造出柔和線條。

STEP 2

接著使用軟質的眼線筆，把內下眼瞼塗滿，即可展現時髦迷人的妝效。

## 第三道防線 臥蠶

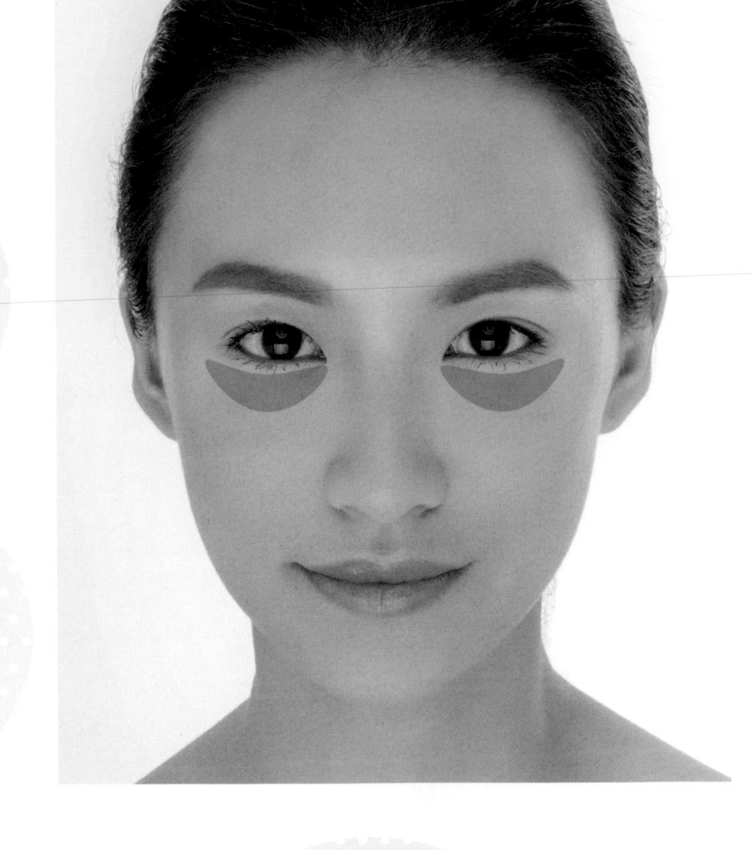

**防線時間點**

41至47歲前。

**防線重點**

守住財緣、情緣、子女緣，保住人生最大財富。

**微整型重點**

可尋求最簡單的注入型微整，創造眼下臥蠶效果。

**開運彩妝重點**

1.創造眼下臥蠶部位的明亮度與立體感。

2.遮飾黑眼圈和眼袋。

「臥蠶」真是一個可愛的字眼，顧名思義，感覺就像一條可愛的蠶寶寶橫臥在下眼線的邊緣。許多人容易將「臥蠶」和「眼袋」混淆，事實上，「眼袋」是位於臥蠶的下方、眼眶骨一帶，有垂墜感的倒三角形袋，眼袋無論臉部表情如何，都會顯現；「臥蠶」則為橫向的長形，甚至有人認為臥蠶的形狀看起來像元寶，當人笑起來時，臥蠶會變得更加明顯。臥蠶各種年齡的人都可能有，眼袋則大多數發生在中老年人的臉上，或者年輕人在疲累、熬夜多日後容易出現，給人一種沒有元氣、憔悴、衰老的感覺。

從面相學上來看，眼下擁有臥蠶的人，看起來就像是眼睛會笑一般，加上臥蠶外形如元寶，讓人與招財進寶聯想，顯得十分親切、討喜又有魅力，因而容易獲得貴人的相助，無論人緣和桃花運都非常旺，事業、財緣及感情運勢極佳。

臥蠶部位在面相學上也稱為「子女宮」或「男女宮」。象徵男女之間的情愛、性生活與能力。男女宮柔軟而飽滿的人，特別有性的魅力，也容易獲得子嗣。古相書寫道：眼下有臥蠶，主福壽，生貴子。而臥蠶無黑痣、無疤痕，表示感情生活和睦，家庭幸福美滿，也代表與子女間的緣分深、相處互動佳，子女也不常惹麻煩讓父母操心。因此，自古以來，臥蠶被華人認為福祿雙全、榮名富貴、子女成行。

面相七大防線中，以臥蠶最為重要。此防線雖然主守41至47歲，實際上卻與整個人生息息相關。眼下無臥蠶的人，存不了大錢，特別是從商與藝界之人，必定要有臥蠶，才能一生掌握人脈與錢脈，一世事業順利、財源廣進，守住財富安享晚年。

## 運用蜜粉，創造眼部臥蠶效果

STEP 1

選擇有光澤感亮白蜜粉（或質感細緻的亮粉、近膚色的眼影粉），以眼影刷沾取，由眼頭下方至眼尾處，畫上一道飽滿的臥蠶，讓你異性緣、財運更旺。

STEP 2

若覺得顏色不夠飽滿、臥蠶不夠明顯，也可以再度撲上薄薄的一層亮白蜜粉。但千萬別畫得太突兀，以免造成反效果。

## 巧妙遮住眼袋和黑眼圈

### 黑眼圈

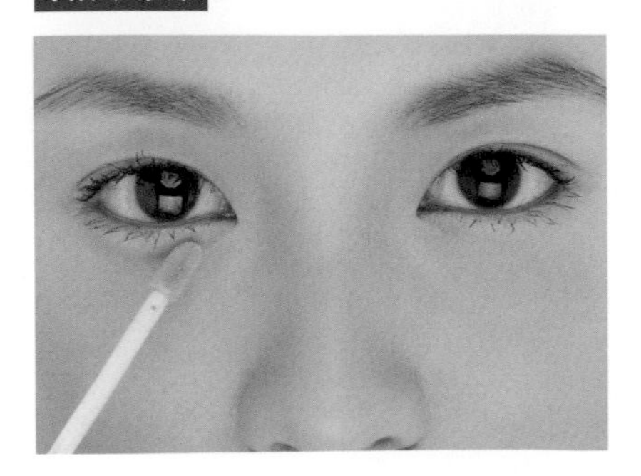

STEP 1

若是黑眼圈特別明顯，可選擇比自己膚色淺一號，質地潤澤、遮瑕力好的蓋斑膏，以筆刷沾取適量的遮瑕膏刷在黑眼圈部位，再以中指或無名指指腹輕輕均勻推開。

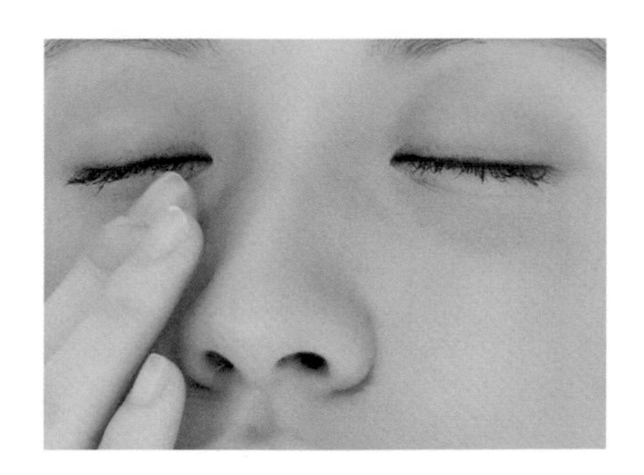

STEP 2

使用透明蜜粉輕壓定妝，讓眼周持久不易脫妝。

## 眼袋

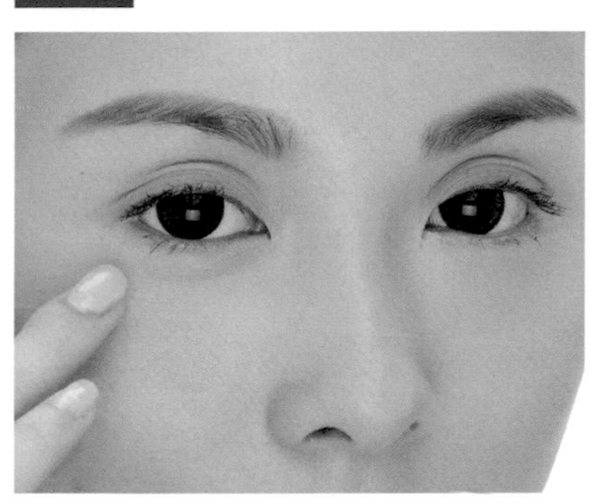

STEP 1

選擇保濕性佳、最接近個人膚色的深淺兩色遮瑕乳（霜），在眼袋凹陷有陰影的部位，可先取淺色遮瑕乳塗抹。眼袋隆起的凸出部位，塗抹上深色的遮瑕乳，由於深色有收縮的錯覺，可以平衡凸出的眼袋。

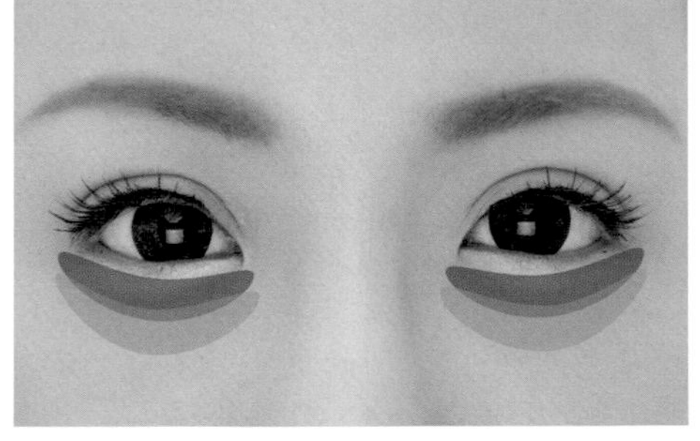

STEP 2

將深淺兩色銜接處按壓調勻，平衡眼袋的界限，最後再撲上蜜粉定妝即可。

# { 第四道防線 鼻準頭鼻翼／井灶 }

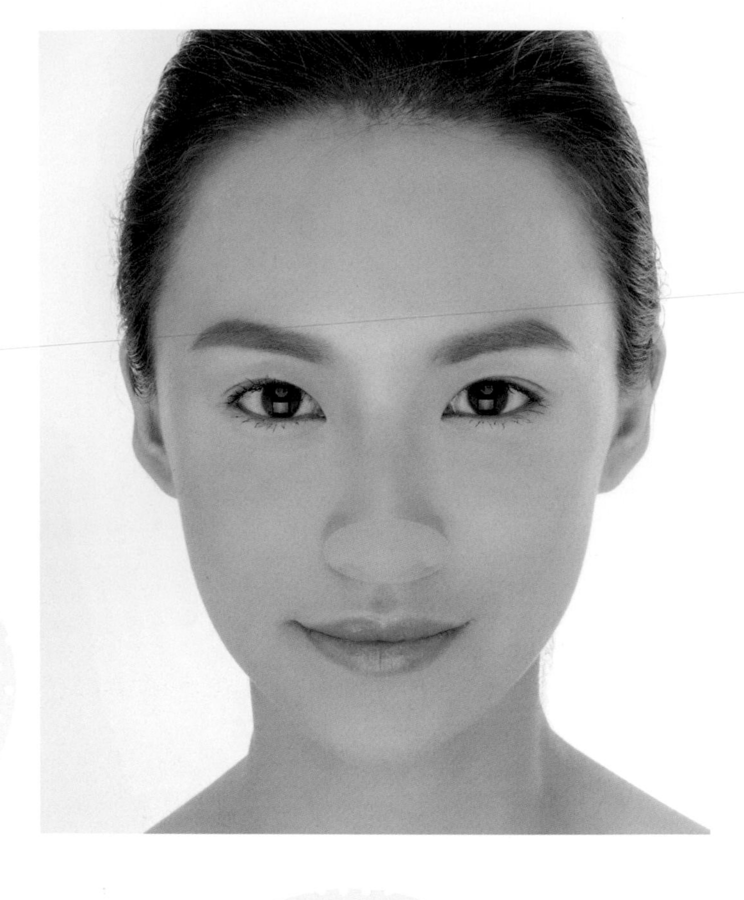

防線時間點

48至50歲。

防線重點

堅守財庫、滴水不漏（不損財、不漏財、不被劫財）。

微整型重點

尋求注射型微整縮小鼻孔，但切勿藉助整型手術縮小鼻翼，以免損及財庫。

開運彩妝重點

1.廣闢財源——讓鼻準頭亮起來。
2.發展事業——讓鼻樑亮起來。
3.堅守財庫——讓鼻翼亮起來。

許多人都知道，在面相學上，以鼻子為「財帛宮」。但其實財帛宮可以從四大方向來分析：首先，「鼻樑」指的是賺錢能力與取財過程，鼻樑端正挺直、鼻柱豐隆有肉的人，財源一路暢通無礙；「鼻準頭」則象徵賺錢的最大能力，鼻準頭飽滿圓潤，財源宏大，能享受富裕的生活；「鼻翼」是個人財庫，鼻翼豐厚的人，能擁有交際財與合夥財，善於存錢理財，有豐富的現金財庫；「鼻孔」則是個人花錢的習慣和態度，鼻孔不外露的人比較節省，鼻孔外露的人則經常漏財。

若是鼻準頭太尖的人，無法聚財。鼻翼有缺陷者，如一大一小或有疤痕、惡痣，易惹是非、破財；鼻翼肉薄、兩翼窄小的人，沒有理財的天分，即使再會賺錢，也容易因左手進、右手出，而造成一生無積蓄。鼻孔太大的人雖然個性開朗，但欠缺儲蓄觀念及理財手法，千萬不可沉迷於股票、基金等投資風險較大的理財工具，尤其是鼻孔仰露、朝天鼻的人，平日更要節制自己的消費習慣。

七大防線中的第四道防線是鼻線，包括鼻準頭、鼻翼和鼻孔（又稱為井灶）流年為48至50歲，其中尤以鼻孔和鼻翼最為重要。鼻孔內收、不露孔的人，50歲之前的財富大多能守住，因此，若想留住個人前半生的財富，以作為後半生的經濟基礎，務必守住此一防線。

開運化妝主要能幫助此防線的氣色，若想要徹底改變漏財與損財現象，最重要的是改變花錢與投資的觀念與習慣。若想要求助於醫美或整型徹底改變財運，可藉助注射型微整縮小鼻孔，但切勿藉助整型手術縮小鼻翼，也應避免在48至50歲流年進行此部位的整型手術。

## 運用亮澤蜜粉，一次刷亮鼻準頭與鼻樑

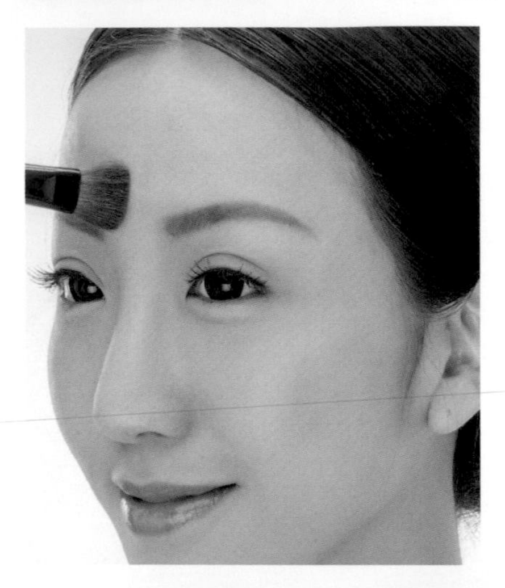

STEP 1

以T字部位專用筆刷，輕輕沾上細緻珠光白色蜜粉或眼影粉。先從印堂到眉間，順著鼻樑刷至鼻準頭，讓整個鼻子呈現出光澤感。

STEP 2

打亮額頭，增加T字部位的立體感和亮度，讓正財旺旺。

## ✦ 別怕鼻翼太大，大膽刷亮它！

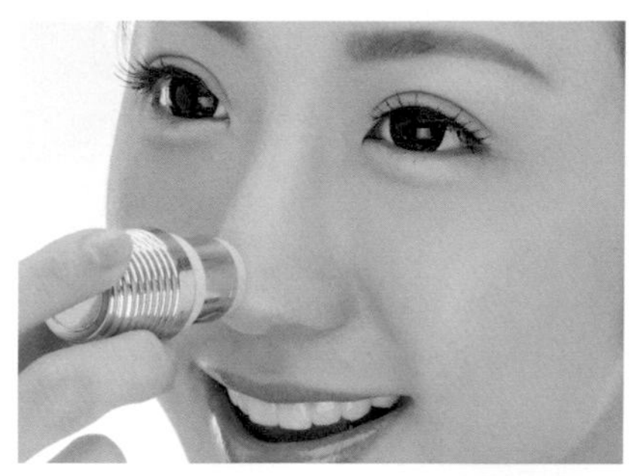

STEP 1

大膽地以手或筆刷沾上打光棒（也可以直接使用打光棒），在兩鼻翼處輕輕塗抹。

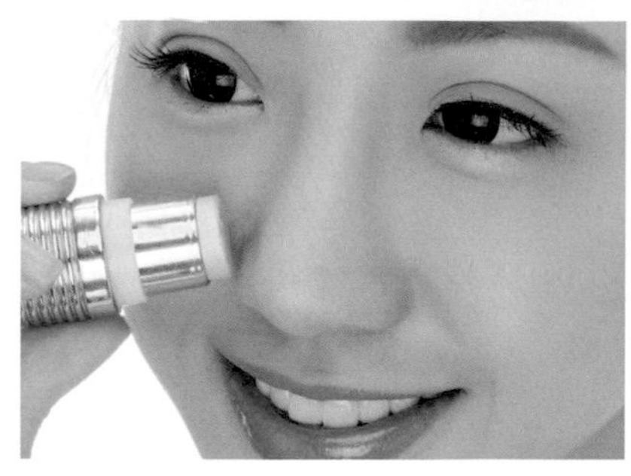

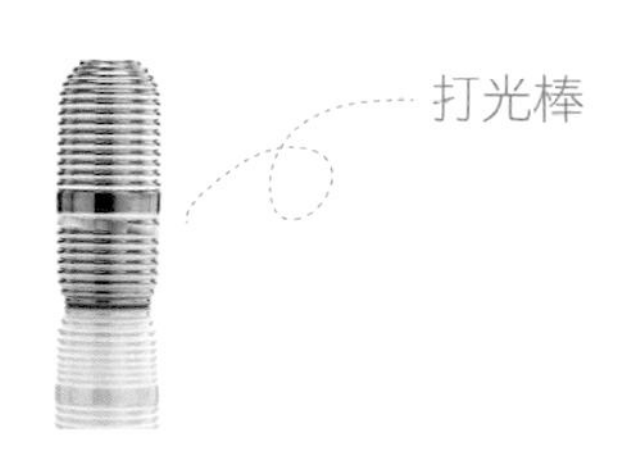

STEP 2

以指腹推均勻，不僅能讓鼻翼豐厚有好氣色，也能招來偏財、交際財、合夥財，無往不利。

# 第五道防線　人中兩側稜線

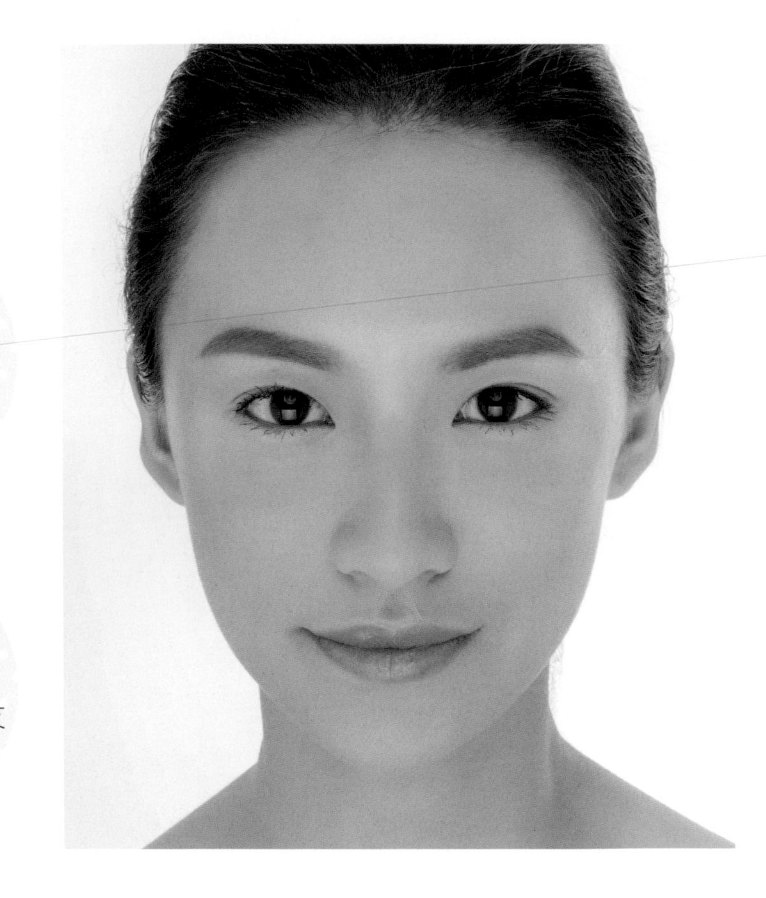

### 防線時間點

51至55歲。

### 防線重點

緊鎖財庫，慎防親友來劫財。

### 微整型重點

提縮唇整型手術可改變人中長短與人中稜線的鮮明度，若不想整型，請每天反覆以手捲動人中部位。

### 開運彩妝重點

1. 以粉底技法，自創裸妝感的人中稜線。
2. 善用畫唇技巧，自由調整人中長短。

人中在相學上又名「人冲」，是所謂「心性之宮」。中醫理論稱人中為：生殖下陰系統、消化及排泄系統的神經反射區與經絡通過區，而相理上則認為此一心性之宮，不僅能看出個人的兒孫子息、性生殖能力，也象徵著人生的一大關卡。

大家可能沒想過，令人印象美好的笑容，其實與人中息息相關。笑容的視覺第一印象，是落在臉的下半正中央的部位，也就是人中和上嘴唇，而笑容是個人是否有人緣桃花最重要的關鍵因素。人中稜線分明的人，人中的中央處會呈現如同「盾牌型」的凹陷，鼻孔下方的「仙庫」部位也多半結實飽滿，此部位相學上稱為「食祿倉」，食祿倉飽滿豐潤、人中稜線鮮明，一生不愁吃穿。女性若是人中深長、上窄下寬，生殖系統佳，桃花人緣也佳，不僅個性好，才華也不輸給男性，婚姻大多美滿，能旺夫興家，富裕到老。

七大防線中的第五道防線即人中兩側的稜線，流年為51至55 歲。人中兩側無稜線的人，容易因借錢給他人，而造成財物損失，或者容易因財物損失造成手頭拮据及身體健康出問題，又因子女虛少或無子女，難享兒孫之福。

此外，人中是化妝時是最容易被忽略的部位。人中過長容易給人年紀較大的錯覺，短短的人中雖然讓臉部比例看起來比較可愛，但人中太短卻是相學上不佳的面相。其實，只要運用一些化妝小技巧，就可以讓人中既符合相理標準，又兼具時尚感，幫你塑造最適合的黃金比例。

## 不必動刀，人中稜線即可更鮮明

POINT

反覆以手捲動人中部位及簡單的臉部運動，能使人中稜線更加鮮明。

## 維持人中的潔淨感

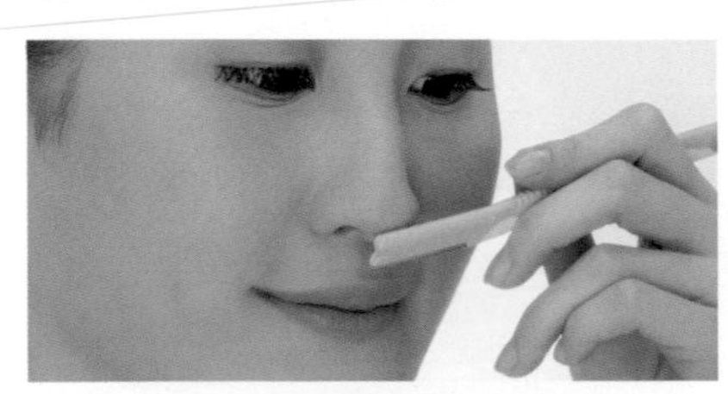

POINT

定期刮除人中周圍的汗毛，以免影響粉底的淨透感。

## 巧妙運用遮瑕筆，畫出人中稜線

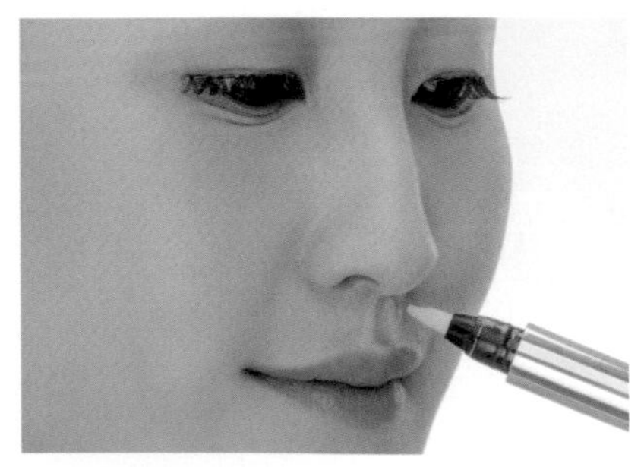

STEP 1

以亮膚色蓋斑筆（明采筆）或膚色唇線筆，沿著人中輕畫，近鼻處較窄，近唇峰較寬，呈現窄「八」字形。畫時手勢輕柔，不可太重，否則容易變得不自然。

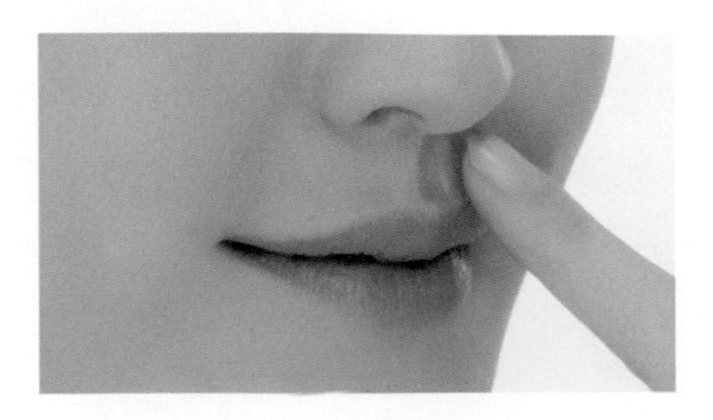

STEP 2

再以指腹輕壓部位，使其充分與肌膚融合，讓線條更自然。

## ◆運用畫唇技巧，調整人中長短

### 人中短

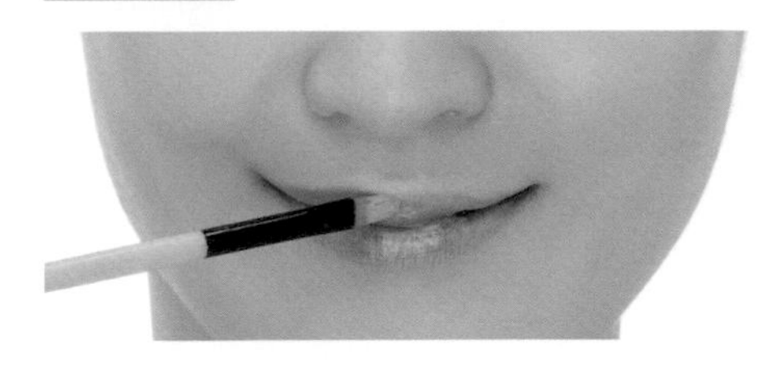

POINT1

一般標準畫法是選擇質地輕盈的遮瑕膏，塗抹在唇形周圍，讓唇色變得不明顯

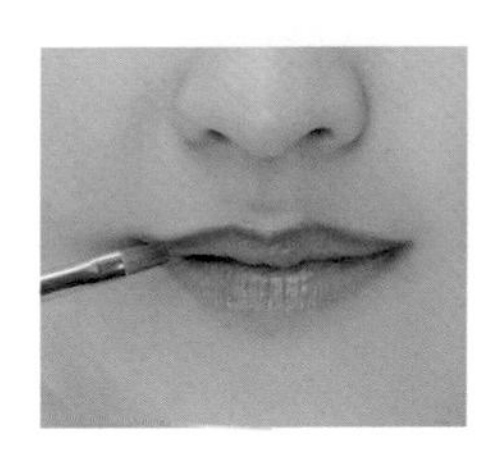

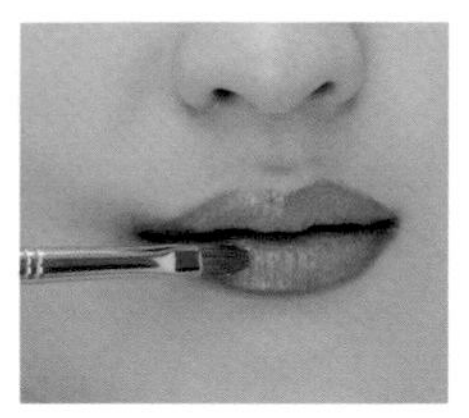

POINT2

如果人中短、唇厚，可將上唇畫小一點。以粉膚色唇膏描繪上唇唇形，再以同色系色澤較深的口紅畫下唇，利用上淺、下深創造人中變長的錯覺。

### 人中長

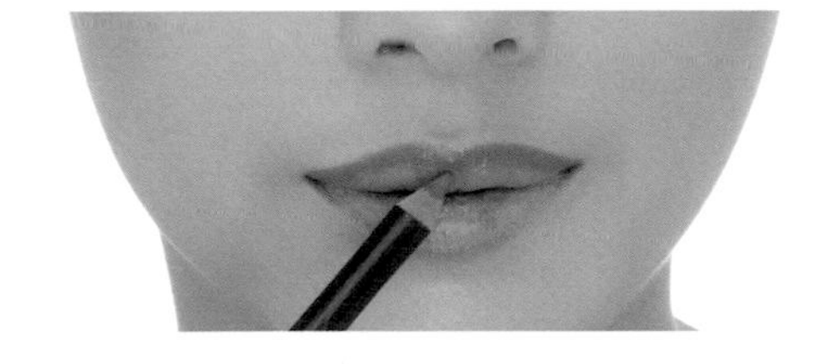

STEP 1

標準畫法是使用較深色的唇線筆，將上唇形勾勒出圓潤飽滿的唇峰（加高唇峰），讓人中有距離變短的錯覺。

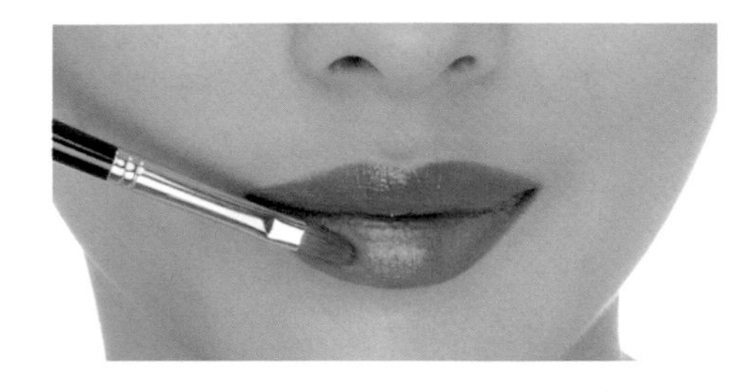

STEP 2

也可利用口紅的深淺變化創造人中變短的錯覺。先將質地輕盈的遮瑕膏塗抹在唇形周圍，讓唇色變淡。再以深色唇膏畫出上唇深、下唇淺的唇形。

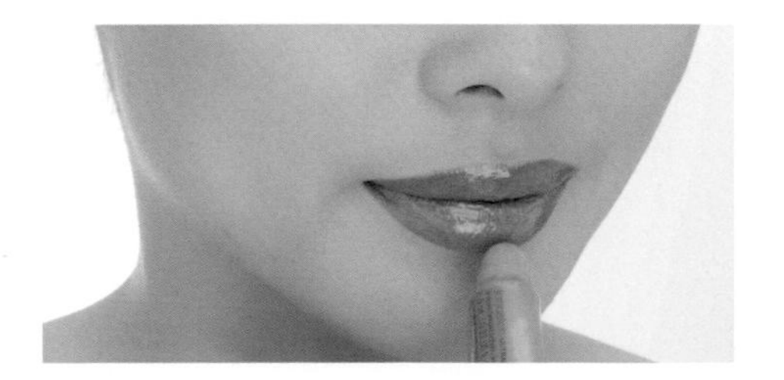

STEP 3

較時尚的畫法是選擇粉嫩色唇彩（蜜），描畫時要超出自己原本的唇形輪廓，塑造出豐潤、水嫩的年輕唇形，有一種上唇翹起、嘛嘴的感覺。

# 第六道防線 上唇稜線

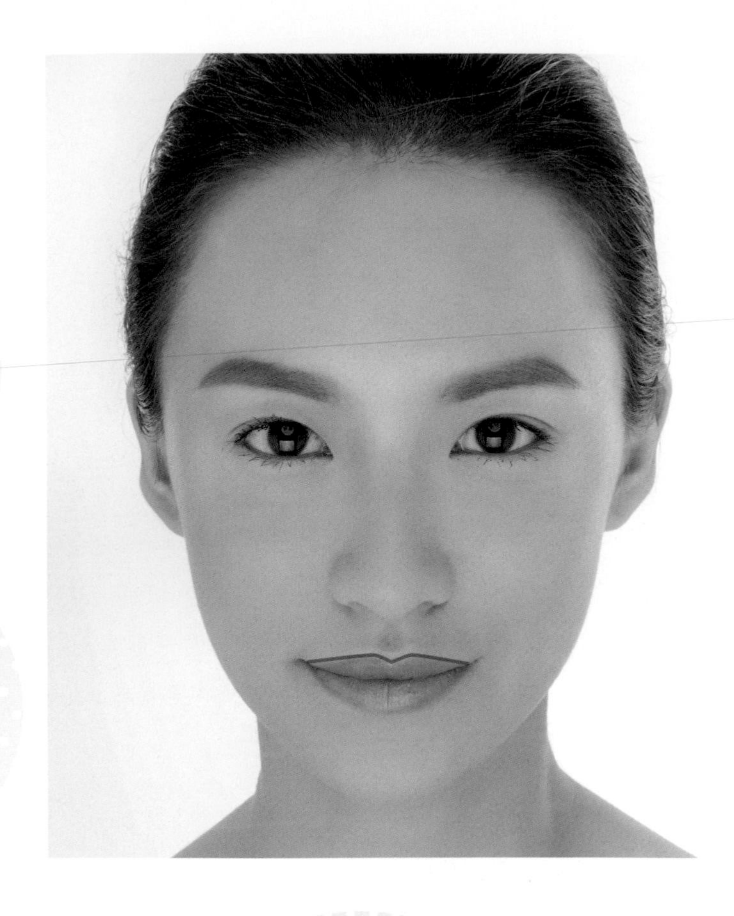

### 防線時間點

56至60歲。

### 防線重點

守住食祿線，一生不愁吃喝。

### 微整型重點

注射型微整可調整雙唇豐潤度與平衡美，創造相學上完美的小水星。

### 開運彩妝重點

1.畫出完美的上唇稜線。
2.善用口紅色彩與質感，打造豐潤美唇。
3.以深淺唇色，塑造立體豐唇。

相學上有所謂的「小水星」，指的是上唇與人中交會的部位，此部位若是嘴唇稜線分明、形狀像是弓型或是如菱角般擁有完美的兩個尖峰，加上口形標準、人中稜線明顯，人中下端與唇峰呈三角形，就被稱為「小水星有成」。

面相「小水星有成」，唇稜線優美的人，通常物質生活較為富裕，精神生活愉悅，而小水星清晰的女性，大多個性開朗，不矯揉造作，非常平易近人，因此異性緣極佳。若上下唇厚度均衡，唇色紅潤鮮明，唇形完美、唇紋明晰秀麗，則無論男女，情愛生活與婚姻生活都能美滿。此外，小水星明顯的人也比較具有同理心，說話的時候會站在他人的立場為人著想，人際關係極佳。若加上口角上仰，則極具行動力，聰明仁厚、通達事理，此人言必有物，在文化生活水準及社會地位上必定高人一等。

七大防線中的第六道防線即「上唇稜線」，小水星有成、口角上揚、嘴唇稜線分明者，防線最佳。除了56至60歲流年順遂之外，因口在人相學為「出納官」，接納萬物與飲食，是健康，也是人際關係的福禍是非之處，防線有成者，人生中財源不斷，也非常有口福，終其一生不愁吃喝！若是天生此防線不佳，也無需太過於太擔心，因為鈺珠的開運化妝小技巧，能輕易克服此一防線的弱點，幫你輕輕鬆鬆守住防線。

## ◆以遮瑕筆或膚色唇線筆，畫出小水星輪廓

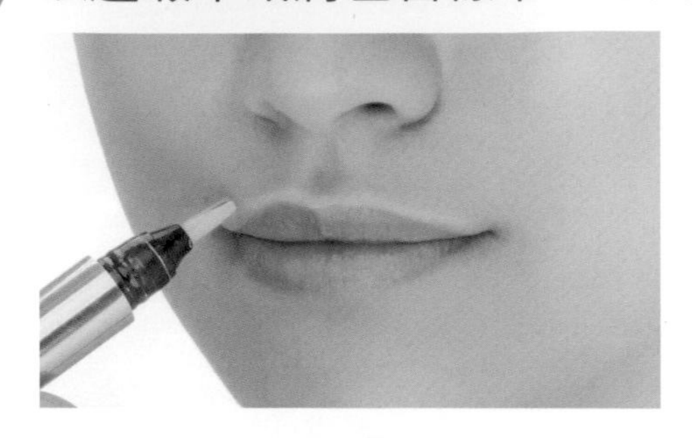

STEP 1

先以遮瑕筆或膚色唇線筆在唇峰的上方，畫出小水星輪廓，使上唇稜線更顯豐潤鮮明。

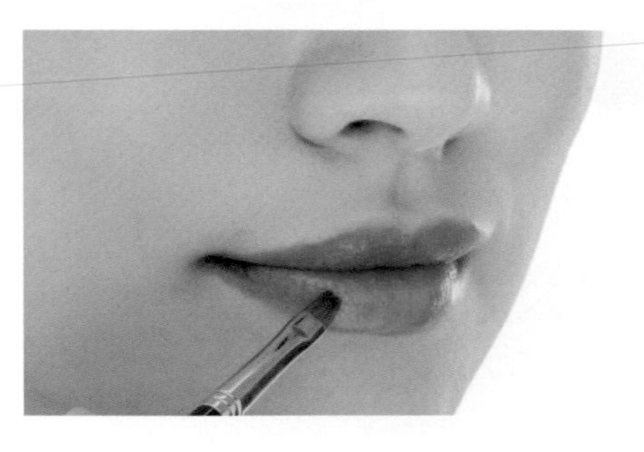

STEP 2

再以唇刷沾取具潤澤感的唇膏，描繪出飽滿的雙唇。

## ◆唇蜜光澤＋口紅色彩，打造上唇稜線與豐潤美唇

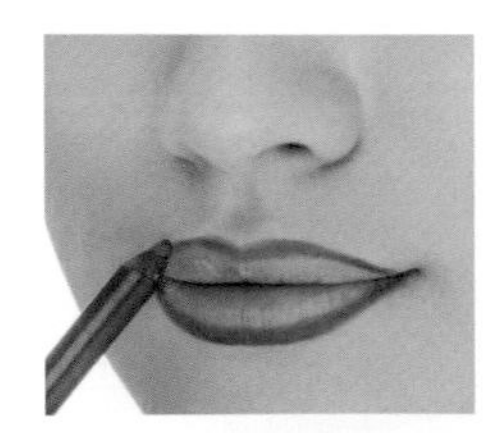

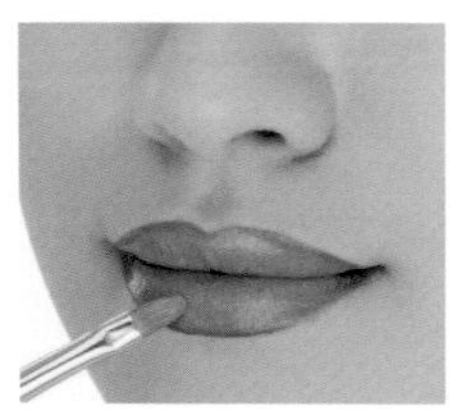

STEP 1

想擁有美麗的上唇稜線，畫唇時，可先利用唇線筆，畫出菱角分明、嘴角上揚的豐潤唇形，再以筆刷沾取適量唇膏將雙唇塗滿。

STEP 2

再以富有光澤感、色彩飽和度高的唇蜜，塗抹在整個嘴唇，讓雙唇看起來更豐滿立體。

## ✦ 兩種口紅，任意打造雙唇立體感

### 標準畫法：以不同質地的口紅創造立體感

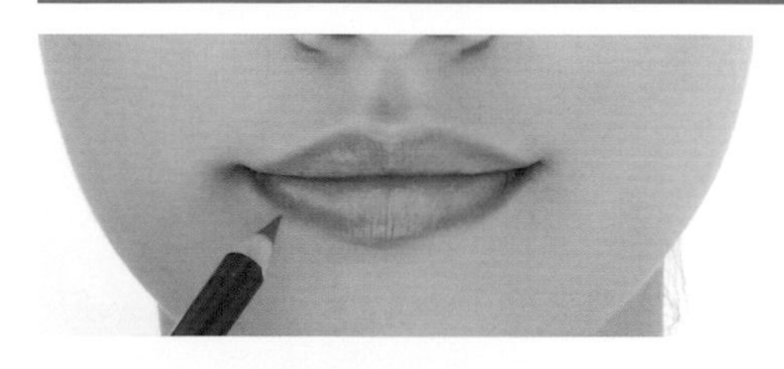

STEP 1

首先以唇筆沾取適量口紅（唇膏類型），畫在上下唇的內緣線。厚唇者選深色，小唇者選淺色。

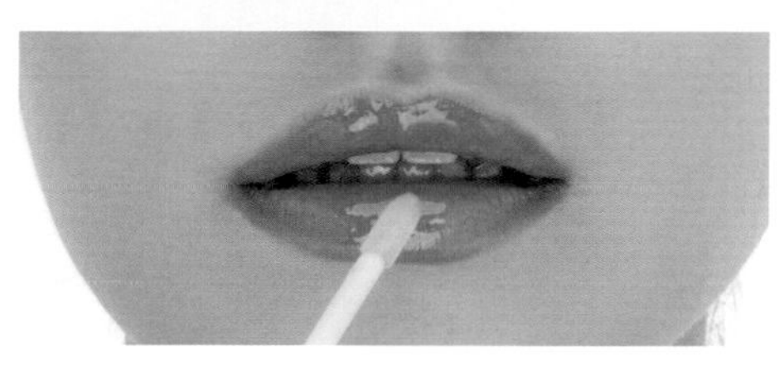

STEP 2

再以指腹由內而外，將口紅色彩在唇周輕輕推抹。最後以唇蜜直接塗抹在唇中間，展現立體又時尚的雙唇。

### 進階畫法：以色彩深淺的變化，創造立體視覺

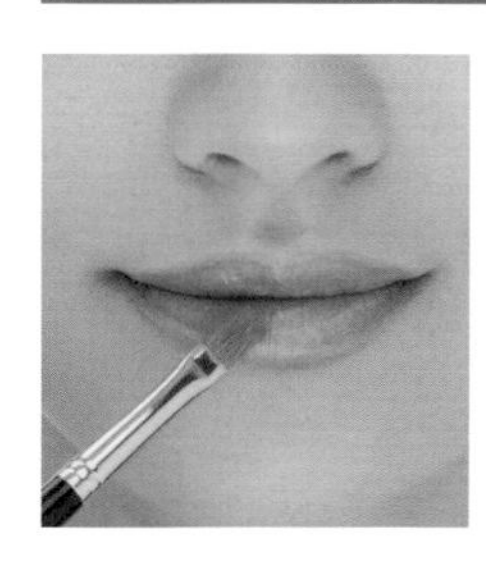

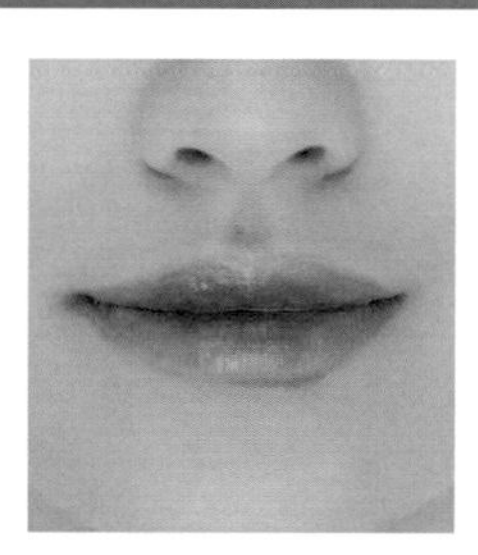

POINT1

想打造雙唇立體感，可利用口紅色彩深淺的變化，創造視覺效果。厚唇者口紅色彩宜內淺外深；唇小者，口紅色彩宜內深外淺。

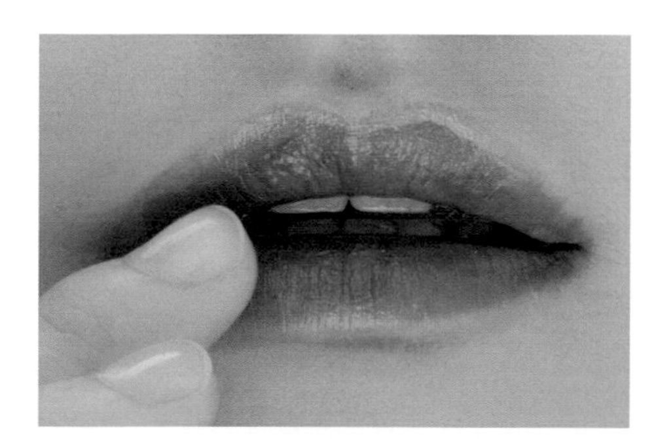

POINT2

深淺兩色口紅應選擇同色系，深淺色不要差異太大，以免造成突兀感。

# 第七道防線 下巴

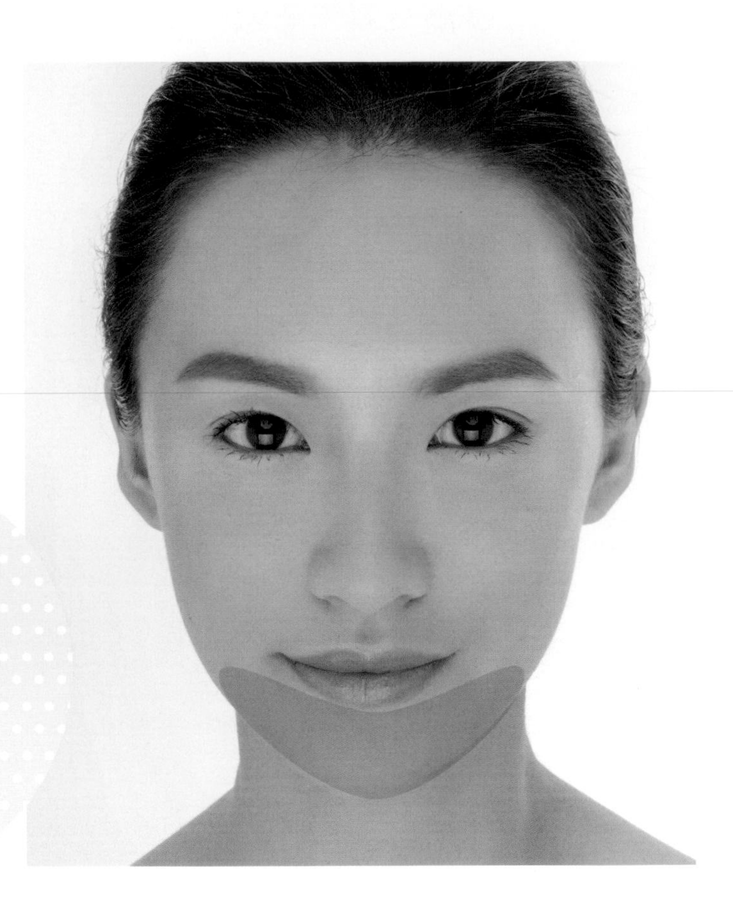

### 防線時間點

60至75歲。

### 防線重點

讓部屬與晚輩幫襯個人財運，保障晚年財庫，一生財源豐厚，多福多壽。

### 微整型重點

墊下巴可襯托出完美臉形，創造天地相朝的面相格局。

### 開運彩妝重點

1. 簡單刷亮下巴，賦予地閣好氣色。
2. 運用修容，自由創造理想的下巴骨架。

下巴部位，在相學上可分為「頌堂」與「地閣」，是觀察個人晚年運勢時最重要的部位之一。面相中最好的下巴相理應包括三大重點：

1. 子午對直　2. 天地相朝　3. 地閣有稜線

從臉部的正面來看，由正中央髮際線（即美人尖的位置）到下巴的中心點，若能呈現一垂直線，相學上稱為「子午對直」。而側面看臉部，額頭的最高點至下巴最高點，也應在一垂直線上，相學上稱為「天地相朝」。至於地閣的稜線，則在下巴下方最凸出的部位，若外型飽滿豐厚、端正方闊且有撐起為佳。若子午不正、天地不相朝，整個下巴內縮，那麼一生際遇必定波濤洶湧，成敗反覆，難以享福到終老。

面相「奴僕宮」的位置包括地庫、腮骨、下巴等處，這些部位大多和老年運相關。若下巴符合相理美，端正方闊且有撐起，則重視家庭責任感，處事腳踏實地，個性隨和，心胸寬宏，樂於照顧他人。即使到了老年仍健康、智慧、個性佳，保有企圖心、旺盛鬥志，並擁有良好的記憶分析力，待人處事協調有方，與子女互動佳，晚輩及部屬樂於追隨。反之，若下巴過於短小、尖削、左右不均，或是整個下巴內縮或過於外傾，通常意志力較薄弱，性格易陷於偏執或優柔寡斷，較無子女、晚輩與部屬緣。

觀察下巴相理優劣的最簡單方式，可略整理如下：

1.有助型：下巴有起、豐厚圓滿（非戽斗），其晚運必發，愈老愈榮。

2.無助型：下巴無完美的隆起角度，表示需要幫助時，沒有人願意幫忙，健康、貴人運較弱，人生比較不安定，婚姻、事業、財運易受影響。

下巴是七大防線中的最後一道防線。尤以頌堂凸出呈現稜線的格局最為重要，頌堂部位有起，才能留住錢。開運化妝可微調整個臉部骨架的視覺感和下巴的氣色，至於下巴則能幫助守住第七道防線，是近來微整型極為熱門的療程之一。

## ◆輕輕一刷，賦予下巴好氣色

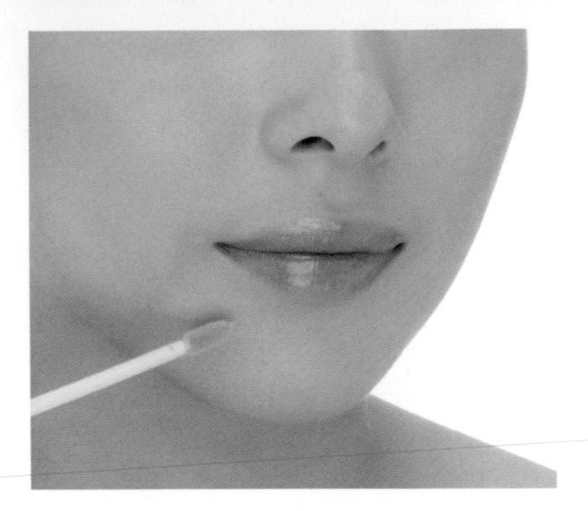

STEP 1

下巴有痘痘可採用遮瑕筆遮瑕，遮蓋時應畫出痘痘範圍一些，然後以指腹將蓋斑膏周圍稍微推開，並使其充分融入肌膚，再以遮瑕力佳的粉底修飾暗沉氣色。

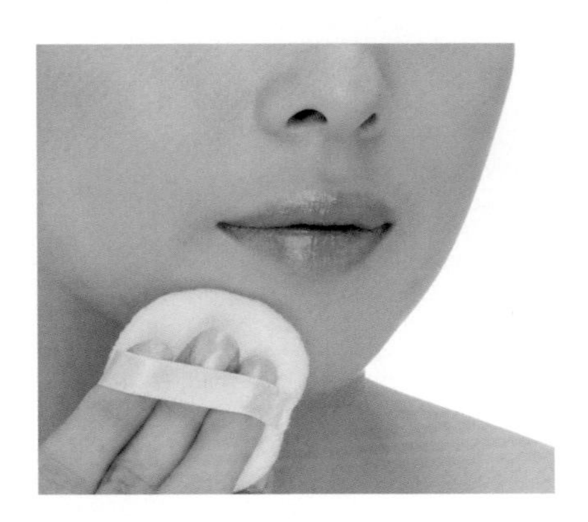

STEP 2

將粉底均勻塗抹開來之後，以粉撲沾取適量蜜粉，輕輕按壓下巴處定妝。

STEP 3

以大蜜粉刷沾取亮白色修容餅或眼影粉輕刷整個下巴，也可直接使用打光棒輕刷下巴，讓下巴防線更明顯。

## ◆運用光影修容，調整出完美骨架

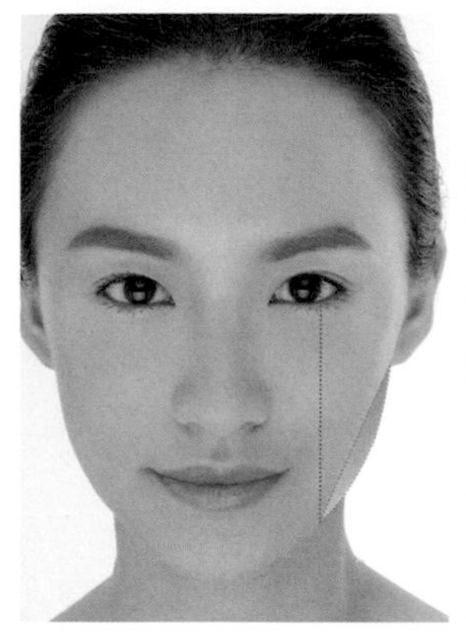

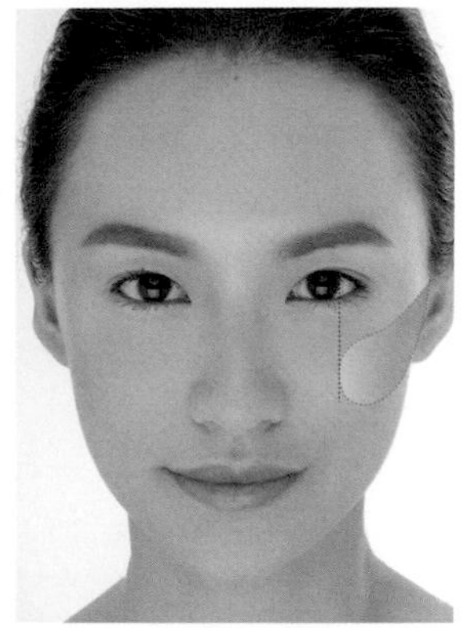

STEP 1

以修容刷沾取適量深色蜜粉（或修容餅），從耳朵下方往下巴方向刷，刷至眼珠外側的垂直線收筆。再沾取深色修容餅，由鬢角順著顴骨刷至顴骨中點（眼珠外側的垂直線收筆），修容時應由深至淺刷出漸層感。

STEP 2

以粉撲沾取適量蜜粉輕輕按壓整個臉部，使修容色彩均勻與皮膚融合，避免深色修容刷痕太明顯。

STEP 3

最後以筆刷沾取含有細緻珠光的亮粉或蜜粉，輕刷在T字部位（額頭、鼻樑、準頭）人中、下巴、眼睛下方，增加臉部立體完美骨架。

# Part 4

## 專業篇

# 快速微整型彩妝：改變眉形

回歸基礎畫好眉

微整畫眉入門

微整眉必備道具

微整型畫眉基礎7步驟

微整型級畫眉技巧×6

# 回歸基礎畫好眉

俗話說，人有三寶，精、氣、神；面有三寶：眼、唇、眉。在人相學理論中，富貴在眼，幸福在唇，運勢則在「眉」。運勢之於人生，如同海上行船，運勢佳者猶如風平浪靜，即使小舟也能一路平安；運勢不佳者，則短命如鐵達尼號，即使擁有一身富貴，也會撞上冰山沉沒。

如同作者序中鈺珠所提，「創新與回歸」是本書最重要的概念。眉形開運是開運化妝歷史上最早發展的重點，眉形開運是開運化妝的基礎，這是因為眉毛是傳達臉部情緒最直接的部位，不論是喜、怒、哀、樂、憂、思，眉毛都是重要的表情符號，等於是將外在的性格、內在的情感全寫在臉上。眉形的好壞不僅影響六親、貴人運，也牽涉到人際關係、朋友合夥問題。

從專業化妝的角度來看，眉毛更是五官輪廓最不可忽視的重點，對臉部肌肉與骨架最具有決定性的影響力，無論是舞台妝、戲劇化妝，或是藝人造型，畫個符合角色與形象的好眉，是彩妝成功的要件。

## 眉毛與五官相法、面相十二宮

面相認為眉毛為五官之首，眉毛是血之苗，象徵個人氣血的盛衰，既是保壽宮、情份宮，也是面相十二宮中的兄弟宮、朋友宮。眉能傳達一個人的情感，對喜怒哀樂的情緒表達力甚至更勝於眼睛，相學上從眉毛即可看出一個人的個性、脾氣、智愚，以及身心是否健康，也能瞭解貴人運、手足親情之間的緣分、朋友圈、社會人際關係是否和諧等，可以說是綜觀個人感情、家族等人際關係的象徵。（因篇幅侷限，有興趣的讀者可參考鈺珠著作《五形五官開運彩妝》一書，另有更詳盡的眉毛相法分析。）

## 眉毛與流年的對應關係

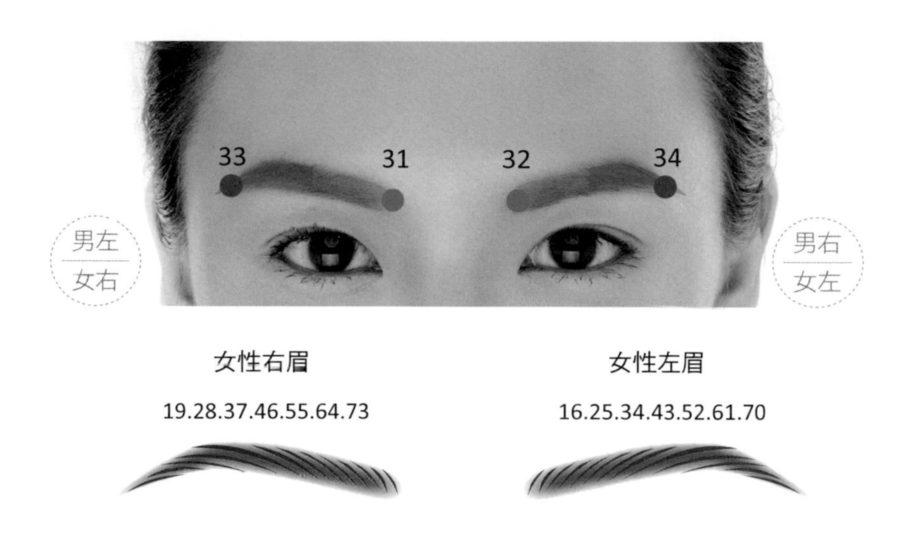


依流年相法，眉毛的本位流年是31至34歲間。也就是說，眉相的好壞，對於人生中的31至34歲間特別有影響。眉毛合乎相理中的好眉條件，則這幾年的運勢會特別順。（因篇幅有限，有興趣的讀者可參考鈺珠著作《流年開運彩妝》一書，另有更詳盡的眉毛流年分析）。

眉毛更精確的流年年分則是：女性以右眉頭為31歲、左眉頭32歲、右眉尾33歲、 左眉尾34歲。男性則以左眉頭為31歲、右眉頭32歲、左眉尾33歲、 右眉尾34歲。相不單論，除了流年本位的影響力之外，依九執位流年法理論，眉毛對運勢影響的參看年齡還包括：左眉：16、25、34、43、52、61、70歲；右眉：19、28、37、46、55、64、73歲。

# 八好眉VS.六害眉

## 八好眉

❶ **眉間距寬**：兩眉間距離約兩指（以自己的手指為基準）的寬度，也就是印堂部位要寬廣。印堂為命宮，命宮寬，心胸與氣量寬宏，一生貴人多，小人少。

❷ **居額之上**：眉毛要長在眉棱骨上，眉眼間的距離不可太過接近，眼睛睜開時，眉眼間距應寬約為一指。眉居額上，個性穩定、精力強，有遠見，有貴人提拔，易早發。

❸ **眉尾有聚**：眉尾不可散亂或散開，若能與眉頭一樣平衡豐盈最佳。眉尾有聚，則做事有頭有尾，人際關係佳，財也聚。

❹ **眉毛有彩**：眉毛要有光澤，代表氣血循環佳，身心健康愉悅，精力充沛，易走好運。

❺ **毛流要順**：眉毛的毛流要順暢，不可逆向生長。眉毛順生的人個性隨和、人際關係好。

❻ **眉尾過目**：眉尾的長度至少要與眼尾齊長，超過眼尾一些更佳。眉長過目，行事不衝動，講求信用。

❼ **眉形有揚**：眉毛要稍微上揚。從眉頭至眉身2/3處略略向上，再緩緩彎下。眉毛揚起的人有志氣，女性則有男人般的志向，但個性不夠溫柔。

❽ **根根分明**：眉毛要根根分明，最好能見到眉毛下的皮膚，不可像潑墨般雜亂無章。個性重情義，不現實功利。

六害眉

❶ **眉毛黃薄**：眉毛泛黃且毛量稀疏。個性急躁、健康不佳。

❷ **眉毛散亂**：不聚財，個性較情緒化，容易影響人際關係。

❸ **眉毛逆生**：個性暴躁，容易自以為是，因而造成六親不睦，常犯官司。

❹ **眉壓眼**：氣度胸襟較狹小，容易得罪上司與長輩，造成事業運不順、無貴人助、懷才不遇。

❺ **眉毛交加**：眉毛的中間或是尾端叉開了一條眉毛，就像是叉子或燕尾，彷彿兩條眉毛交加在一起。個性反覆，做事容易猶豫不決，猜忌心重、心思複雜，讓旁人感覺其對人欠缺真誠，因而易招小人，感情與婚姻較不穩定。

❻ **眉毛鎖印**：兩眉太靠近加上印堂間多雜毛，個性易鑽牛角尖，脾氣躁鬱，經常想不開，易患得患失。

# 眉毛VS.感情・財運・理智

## 眉毛VS.感情

- **眉毛長短VS.感情**：眉毛又稱「情份宮」。夫妻情份看眉毛，眉長情長，眉短情亦短。
- **眉毛形式VS.感情**：「新月眉」和「柳葉眉」被稱為最佳女性眉。新月眉的形狀如又細又彎的月牙，長度超過眼尾。柳葉眉則是眉毛柔順且濃度恰當，寬度較寬且眉尾不散亂。具備這兩種眉形的女性，夫妻關係融洽，家庭和樂幸福。

## 眉毛VS.財運

- **眉毛部位VS.財運**：眉頭代表近財，眉峰至眉尾代表遠財。近財是手頭的現金，遠財則代表未來能守住的錢財，眉毛前濃後淡，或眉尾散亂，終究難聚財。
- **眉毛濃淡VS.財運**：眉毛量少者，錢財不聚。
- **眉毛形式VS.財運**：眉毛雜亂者，千萬別與人合夥做生意。

## 眉毛VS.理智

- **眉毛頭尾VS.理智**：眉頭代表感性，眉尾代表理性。眉頭眉尾濃淡相同，做事能貫徹始終。眉頭濃、眉尾淡，感情大過理智。眉頭淡、眉尾濃，理智大過感情。眉尾散的人，處世與金錢管理較無計畫。
- **眉毛長短VS.理智**：眉毛太長，思維慢，但個性浪漫。眉毛太短，思維快，但過於現實。
- **眉的厚薄VS.理智**：眉毛太濃，性急、肝火盛。眉毛太過稀薄，與人相處情誼淡。

# 微整畫眉入門

眉毛能決定臉部的年齡與時尚印象。時下非常流行的韓式繡眉、飄眉，又粗又直，每個人看起來都長得一樣，一點特色也沒有，而且繡眉把人給繡老了，更是不合相理的破相格，完全不合乎溫柔的女性美，給人剛毅，甚至帶有凶的印象。

究竟女性該如何改進畫眉技巧？該如何將眉毛畫得既時尚又有立體感，同時又合乎相理美標準，甚至讓熟女凍齡？讓我們先來認識眉毛的細部表情，及標準的眉形比例，並掌握住畫眉的九大原則。

## 眉毛的細部表情

A.眉頭：象徵人生的開始，眉頭的形狀宜帶圓弧，如同人生的路程圓滿開始，最忌方、忌尖。

B.眉坡：象徵人生情感和事業的波折或順遂，畫眉時，最忌眉坡凹陷，應圓滑上升，表示事業順利，人生道路也穩步上升。

C.眉腰（眉曲線）：也稱貴人線。眉曲線佳，表示有貴人相助，感情順利，家庭和睦，有子女與晚輩緣。畫眉腰時應呈圓潤上升，線條柔美、有型，且不可有空缺（眉若有中斷，一定要補畫完整）。

D.眉峰：象徵事業、人生目標與志向，畫眉時一定要先定出眉峰高度，以圓弧為主，讓眉峰呈現自然收斂。忌眉峰太有角度或太平直。

E.眉心：位於眉腰彎處，與眉峰最高點相對應。代表智慧之點，象徵個人思想，考慮事情時是否理性。

F.眉尾：象徵妻財子祿，女性也主旺夫運。眉尾有收，財運、感情能達圓滿；眉尾散，財不聚、感情散。若是倒眉，財運與事業根基不穩，易迅速衰敗。

G.眉尖：象徵壽命與事業運、福澤，以及下半生結果是否完美等。眉尖收尾宜柔，乾淨俐落，切忌太沉重。

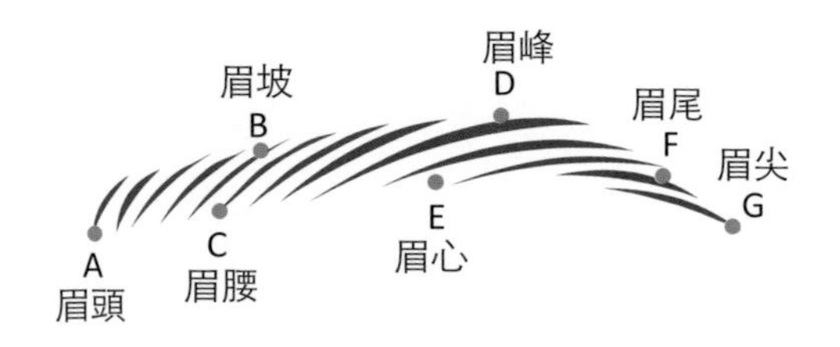

## 標準眉形比例

①眉頭：眉頭應與眼頭齊。若兩眼間距太近者，眉頭可以稍微較眼頭短0.1至0.3cm。

②眉峰：眉峰應位於眼珠外側與眼尾之間。

③角度：眉頭與眉尾的水平線應與眉峰呈5°至10°間。

④眉尾：落於鼻翼和眼尾的延長線上。

⑤眉頭與眉尾：要在同一水平線上。

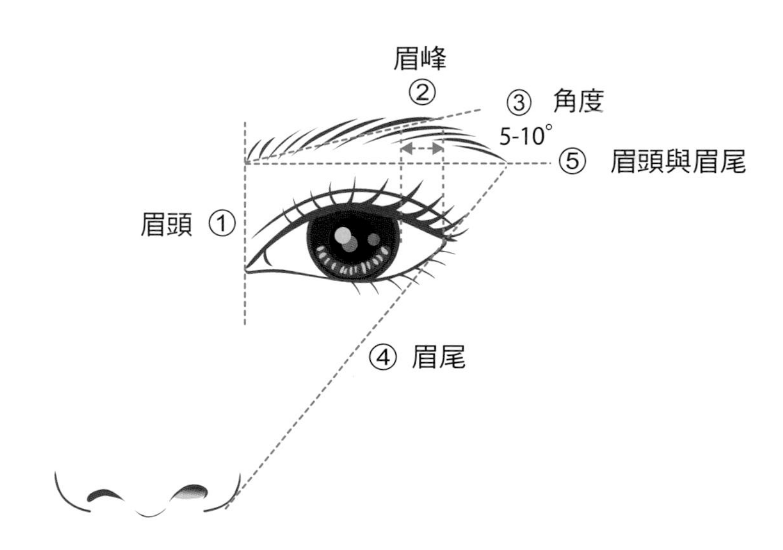

# 畫眉的9個重點

\ POINT 1 /

眉形不可太細或太粗，相學認為眉為龍，眼為虎，龍虎要相配。配合眼睛大小，眼大者眉毛可粗一點，眼細小者，眉形可細一點，但不能畫成柳條眉（細細的一條長眉）。

\ POINT 2 /

眉形要有揚，眉峰帶圓弧，角度不可太直或太大。

\ POINT 3 /

眉色應配合眼珠色與髮色，東方人盡量選擇接近自然髮色，例如：灰黑色、栗棕或咖啡色系。

POINT 4

眉眼間的距離為眼睛平視時，以自己食指的寬度為標準，不可眉壓眼，若不足一指寬，損人緣、家運與田宅運，畫眉前可適度修飾眉眼間的眉毛。

POINT 5

眉尾不可比眉頭低，相學上喜上眉梢之意，意指眉尾要揚起比眉頭高，這樣看起來也會更有精神、更年輕。

POINT 6

畫眉形時要順著眉棱骨的位置畫。眉隨骨起表示個性與情緒穩定。

POINT 7

眉尾的長度應超過眼睛，眉尾不可散，眉尾聚，則聚財、貴人來。眉毛長度也不可以太長，眉太長個性猶豫不決、拖拖拉拉。

POINT 8

畫眉尾時，眉尾千萬不可上揚，眉尾與眼尾間距離不宜太寬，才有助感情順利，得到美滿的好姻緣。

POINT 9

畫眉最重要的是兩眉對稱，無論眉頭、眉峰、眉尾，兩眉都應一致。兩眉不對稱易造成個性不穩定。

# 微整眉必備道具

眉筆

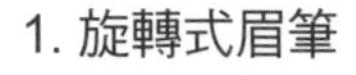

### 1. 旋轉式眉筆

旋轉式眉筆是最方便攜帶與使用的畫眉工具。選購時，可挑選筆芯較硬質的眉筆，比較不容易斷裂，也比較容易畫出自然毛流的筆觸，能自然修補斷眉或眉毛稀疏的眉形。建議選擇適合東方人的眉色，例如：黑灰色、咖啡色、栗棕色等。

### 2. 削式眉筆

可依個人喜好，削成不同形狀，例如：寬扁形或尖形，畫眉時個人操作的彈性較大。針對大面積畫眉，或是想畫出根根分明的眉毛時，都非常合適。

眉粉

適合已具備良好的眉毛基本條件者，例如：自己已具備有型的眉毛，眉粉可補畫不足或局部較少眉毛處，能呈現出柔和自然的質感。使用眉粉時，也可以挑選2至3色的棕咖啡色系，利用深淺色調做變化，畫出具有立體層次的眉形。

拔眉器（夾）

眉毛較粗硬者適合以拔眉夾修眉，但要順著眉毛的毛流一根根拔除，才不會造成疼痛和刺激皮膚。拔完眉後，若皮膚有紅腫現象，可塗抹具鎮靜成分的化妝水或藥膏。

安全
修眉刀

最常見又能快速修眉的道具，可去除眉心、眉眼間和眉周等處的雜毛，修飾出最適合的眉形，鈺珠最常使用。也可用來修除鼻唇與人中之間的汗毛。

安全
修眉剪

眉毛太長容易造成下垂，會使臉部看起來沒精神，雜亂與太長的眉毛也會影響畫眉，所以必須以眉剪來修剪。最好使用圓頭的安全修眉剪，尖頭的修眉剪操作不易，容易造成皮膚受傷。

螺旋刷

螺旋刷是所有眉刷中使用最方便，也最容易取得的工具，可取代眉梳的功能。修眉或畫眉時與畫眉後，都可以使用螺旋刷來整理眉毛，它就像是梳子一樣，能讓眉毛根根毛順而有型。

染眉膏

染眉膏可與眉筆的顏色搭配來調整眉色，是對眉色不滿意的人，以及染髮者最好的選擇。但千萬不要選擇太淺、太黃或太紅的顏色，就面相的角度而言，太突兀的色彩會影響運勢，完全不ok。可挑選適合東方人的深棕色系，幫助眉毛表情更明亮有神采。

眉刷

斜角度的眉筆刷能配合眉骨的弧度，可沾取眉粉直接為眉毛上色，也可以在使用眉筆畫眉後，利用斜角眉刷將眉色刷得更均勻一些。以眉粉加粗眉頭時，眉刷也是很好的幫手。

# 微整型畫眉基礎7步驟

你畫好了眉？畫眉前與完妝前，別忘了再次檢查以下3個畫眉步驟：

1.**修眉**：眉形之外的雜毛是否已修淨？應以圓頭安全剪刀將較長的眉毛打薄、修剪整齊。眉毛下緣的雜毛特別容易遺漏，應以安全剃刀修淨。

2.**梳眉**：畫眉前先以眉梳或螺旋刷，順著眉毛生長方向，將眉毛梳順。

3.**最後檢查**：兩眉高低是否一致？是否還有雜毛？適時使用眉夾或修眉刀再次修飾。最後，以眉刷或螺旋刷將眉毛再次梳順，展現眉清目秀的印象。

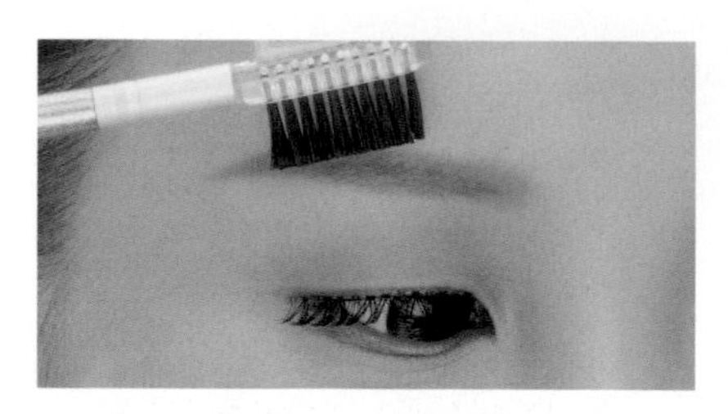

STEP 1

**梳眉**：使用螺旋梳先將眉毛梳整齊。

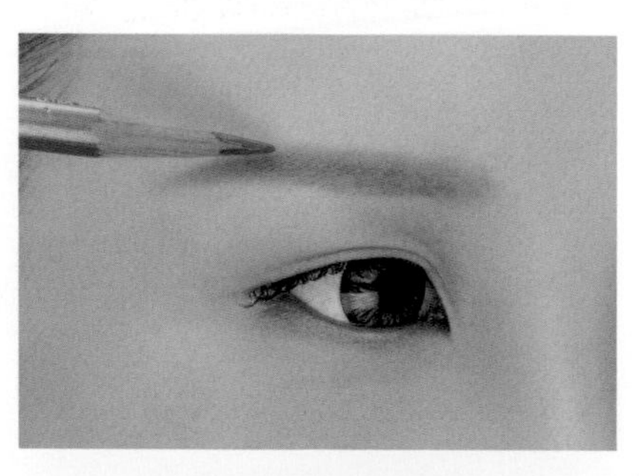

STEP 2

**定眉峰**：使用適合東方人眉毛的黑灰或栗棕色眉筆，以眼珠內側為眉坡定點，眼珠外側為眉峰定點。眉峰可稍微往上，畫出上揚的效果，但不可有太明顯的上揚角度，應呈圓弧狀。

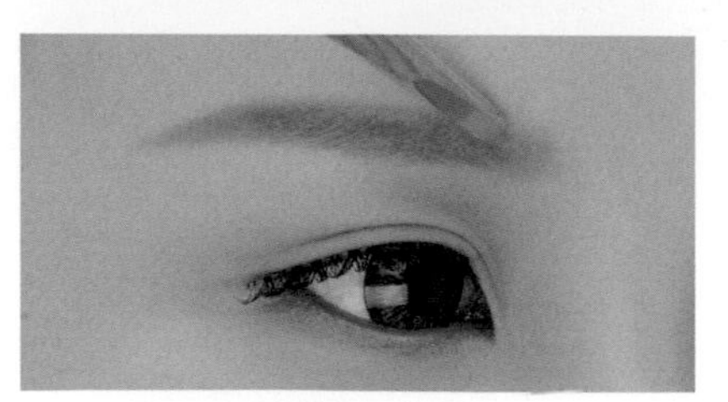

STEP 3

**畫眉頭**：眉頭形狀應有圓弧感，忌太尖、太方，要給人柔和的印象。

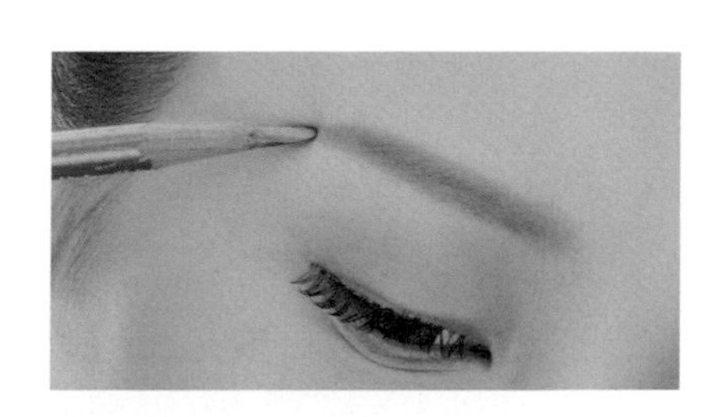

STEP 4

**畫眉尾**：從眉峰畫至眉尾，畫眉時應注意眉尾不能比眉頭低，眉尾長度應比眼尾長約0.3至0.5cm。

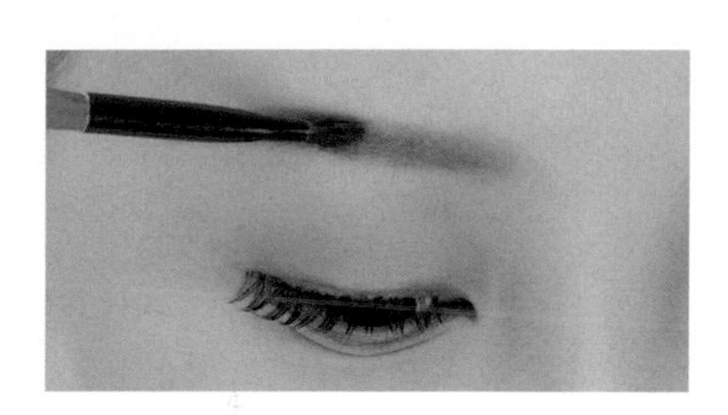

STEP 5

**上眉粉**：以眉刷沾取棕色系眉粉，順著毛流往上刷，使色彩自然暈開，並創造出毛流上提的效果。

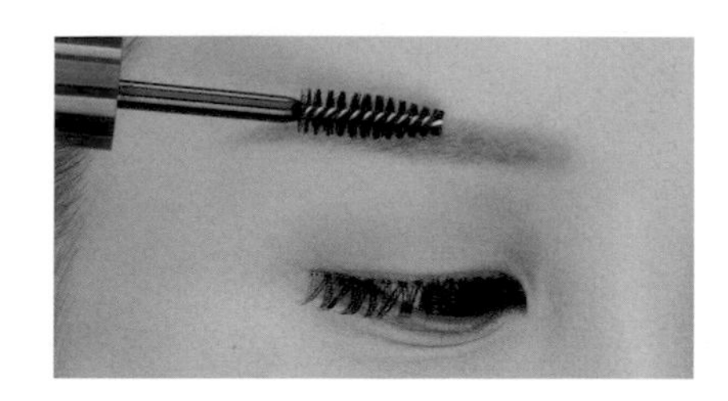

STEP 6

**定型**：選擇具有保養效果的透明造型膠，順著毛流梳順眉毛並定型。

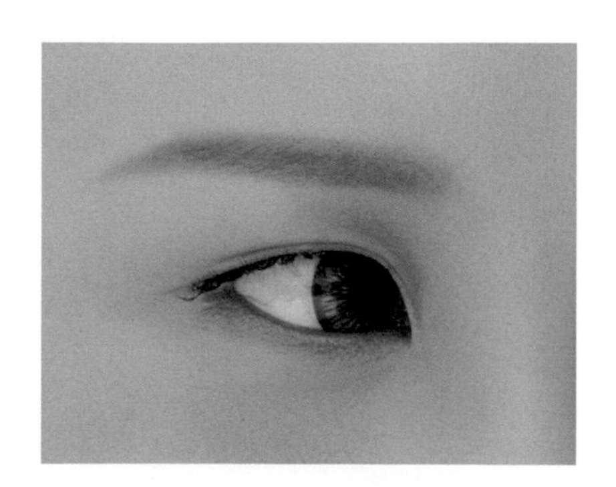

STEP 7

**檢查**：完成眉形。既年輕又時尚，整個人自信又開運。

# 微整型級畫眉技巧×6

## ✦技巧1 仿皺眉紋微整

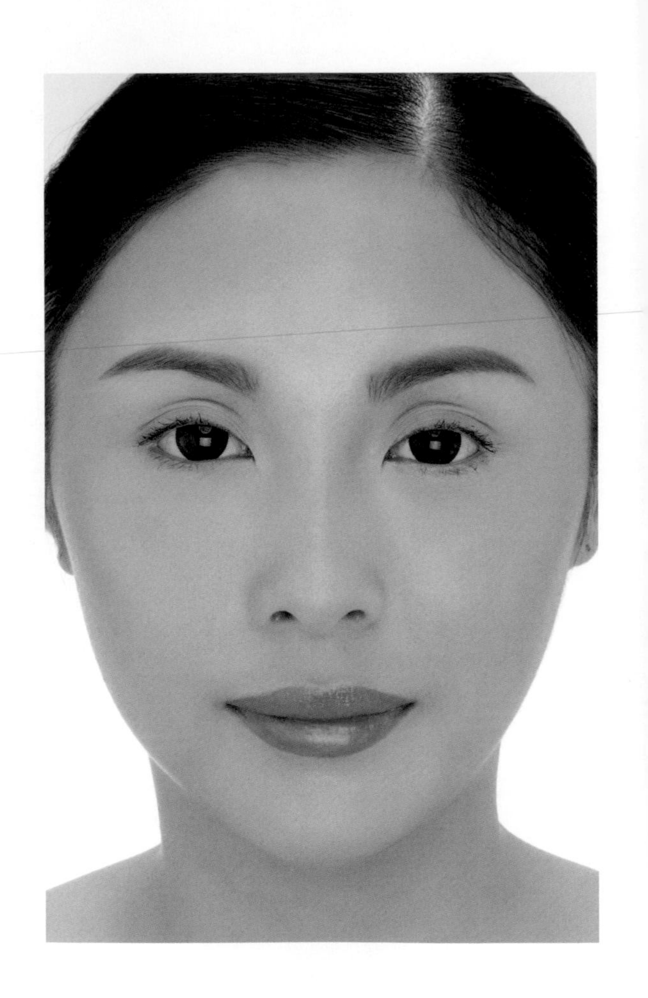

### 開運關鍵

**• 開運部位**

命宮（印堂）。整體運勢。

**• 開運效果**

以標準眉為基礎的進階級開運眉，能打造完美無瑕的印堂，彷彿在命宮部位注射了肉毒桿菌、膠原蛋白般的微整型效果。改善了嚴肅的表情紋，瞬間年輕5歲以上，並提升了整體運勢，讓人一路健康平安，貴人跟著來。

**每天早晨按摩兩眉間**

每天早上睡醒，先別急著下床，保持平躺姿勢，以兩手的中指指腹由眉頭順著眉毛往兩眉尾輕輕按摩，幫助鬆開印堂，避免產生皺眉紋和懸針紋。

## 微整開運步驟

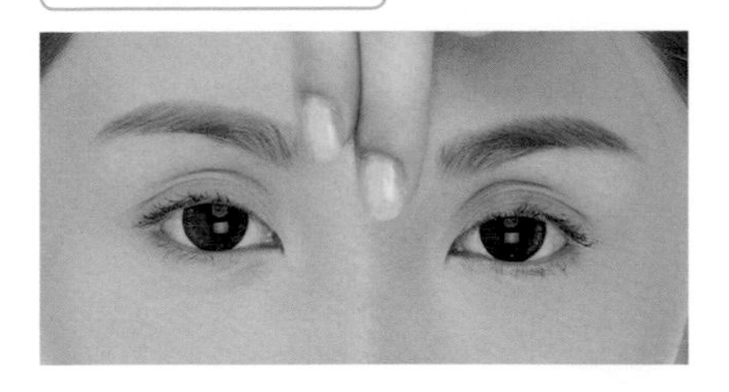

STEP 1

**定出兩眉間距**：以自己的手指為準，兩眉之間以一指半至兩指的寬度為標準。

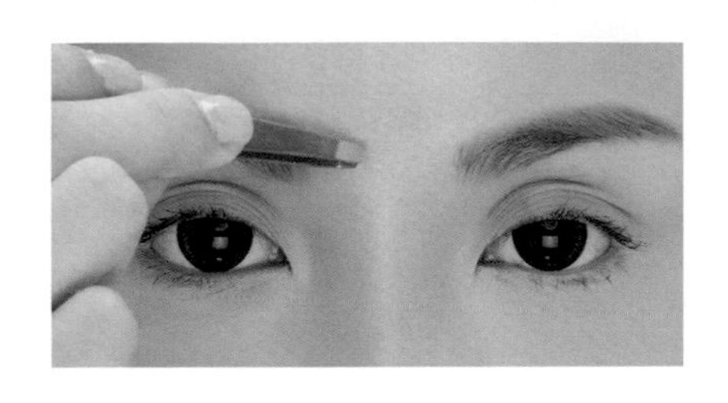

STEP 2

**修飾眉間**：以安全剃刀或眉夾，將兩眉間多餘的雜毛完全修除，使眉間整個開闊起來。

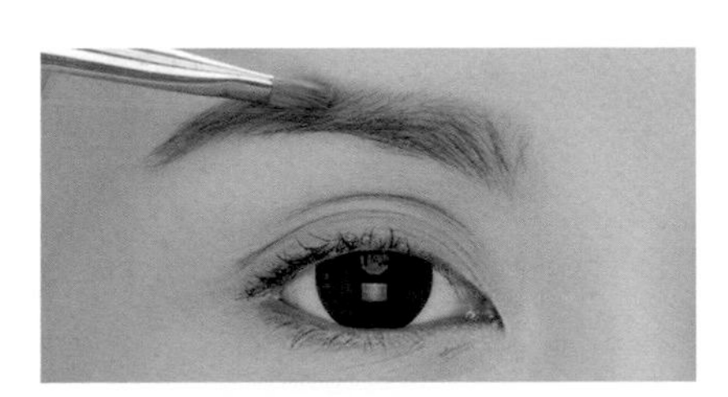

STEP 3

**留意眉毛的深淺色澤**：畫眉時，使用黑灰色或棕色系的眉筆或眉粉，眉頭用色要淺，色彩慢慢漸層至眉尾較深。

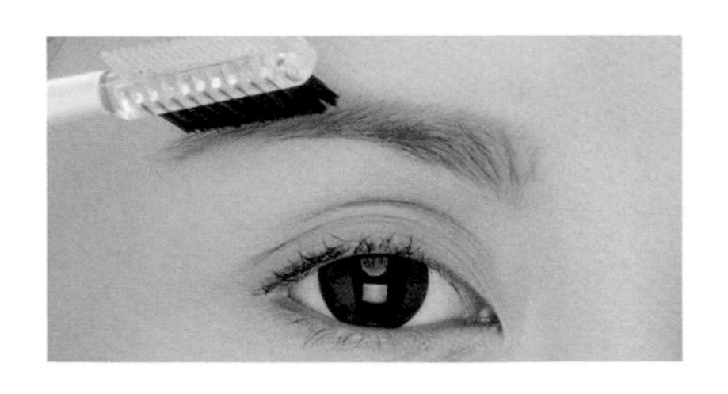

STEP 4

**一定要梳眉**：畫好眉後，一定要再以眉梳將眉毛梳順，並使眉毛更加柔和自然，才不會有線條僵硬的感覺。

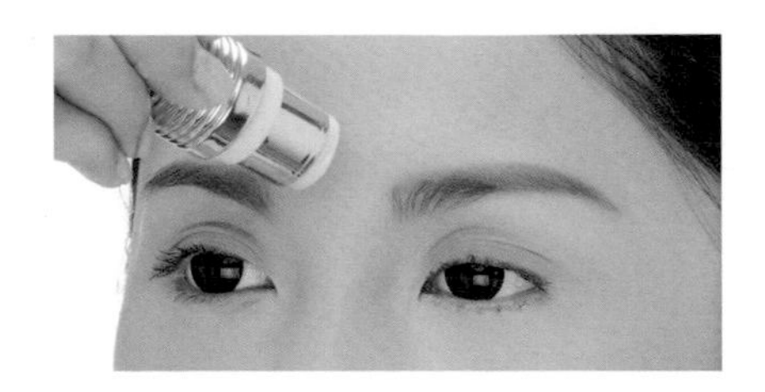

STEP 5

**刷亮印堂**：最後，在兩眉間的印堂，刷上亮白色的細緻眼影粉或修容餅蜜粉。

## ✦技巧2 仿隆山根微整

開運關鍵

### • 開運部位

山根。健康運、事業運。

### • 開運效果

以標準眉為基礎，加上鼻影與刷亮T字部位為輔助。彷彿在山根部位注射了玻尿酸、晶亮瓷般的微整型效果，能營造混血模特兒般的立體輪廓，改善東方女性較無個性的五官印象，並提升事業運和健康運。

POINT

**眼鏡族要格外護理山根周圍肌膚**

經常戴眼鏡者一定有山根兩側肌膚被眼鏡壓迫的困擾，特別是深度近視者尤甚，應盡量選擇超薄鏡片減輕壓力。每天保養時可使用眼霜加強山根兩側的按摩，幫助肌膚恢復彈性。

## 微整開運步驟

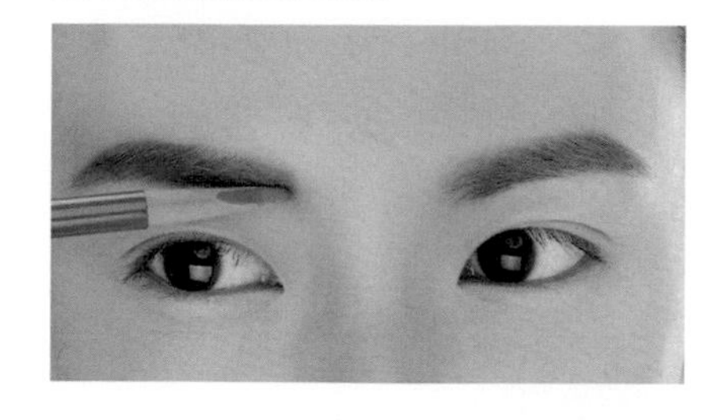

STEP 1

**眉頭部位可以稍微往下畫**：從眼珠內側上方的眉毛處起筆，可以稍微往原本眉頭下方約0.1至0.2cm處畫，讓之後描繪的鼻影能與眉毛連成一氣，更具有立體感。

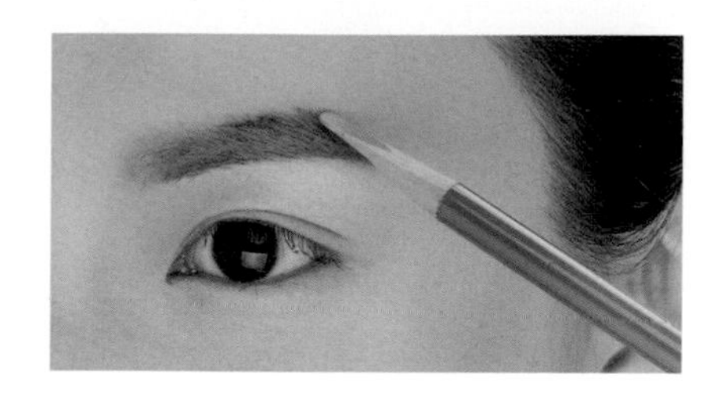

STEP 2

**定出最佳眉峰位置**：將眉峰的位置定在眼珠外側和眼尾之間的上方。

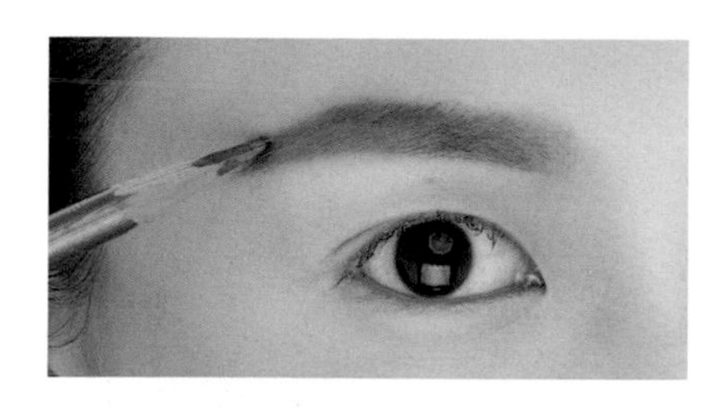

STEP 3

**注意眉尾收尾**：從眉峰位置順著眉棱骨畫出眉毛。眉尾收尾時要乾淨，可以創造出俐落感與肌膚的緊緻度。

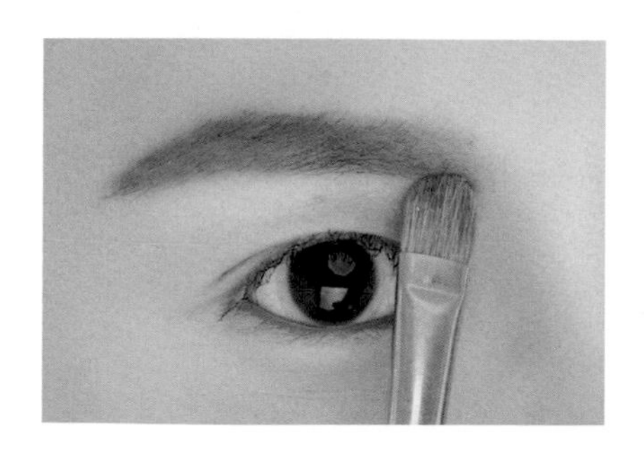

STEP 4

**鼻影要自然**：以鼻影刷或眼影刷沾取淺咖啡色眉粉（或眼影粉），由兩眉頭往山根位置刷上自然的陰影，讓山根立體感自然浮現。切記，陰影不可太重，若不小心畫太深，可再次以自然膚色的蜜粉修飾。

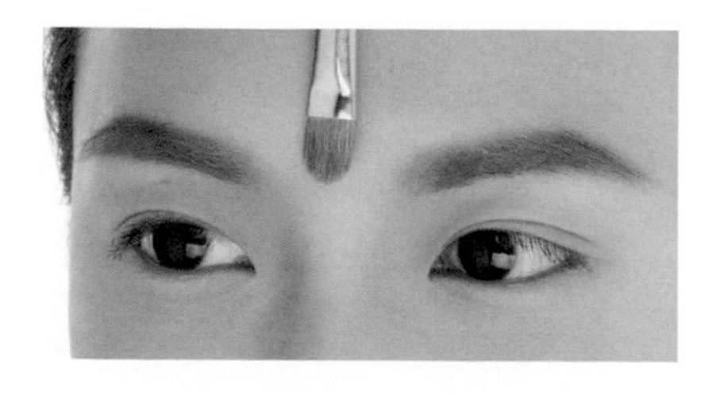

STEP 5

**打亮山根**：最後沾取亮白色眼影粉，刷亮山根至印堂部位，塑造山根高挺的印象。

## ✦技巧3 仿拉皮微整

開運關鍵

### • 開運部位

眉毛周圍。
福德宮、田宅宮、事業宮。

### • 開運效果

以挑高眉為基礎的進階級開運眉，加上提拉眉骨與眉毛上方的明亮度，同步強化了福德宮、田宅宮。彷彿極限音波、五爪拉皮般的效果，不僅提升了整體表情氣勢，也讓輪廓更立體，瞬間年輕了5至10歲，也有助於眼神更明亮，讓人更有自信，事業更順遂。

POINT

**女性千萬別畫上揚的箭眉**

拉提眉峰的畫眉方法，有時候一不小心就會畫成箭眉！記得眉尾要畫得比眉峰低，使用眉膠也要謹慎，千萬別將毛流梳得太上揚，造成氣勢過旺，會給人一種壓迫感。

## 微整開運步驟

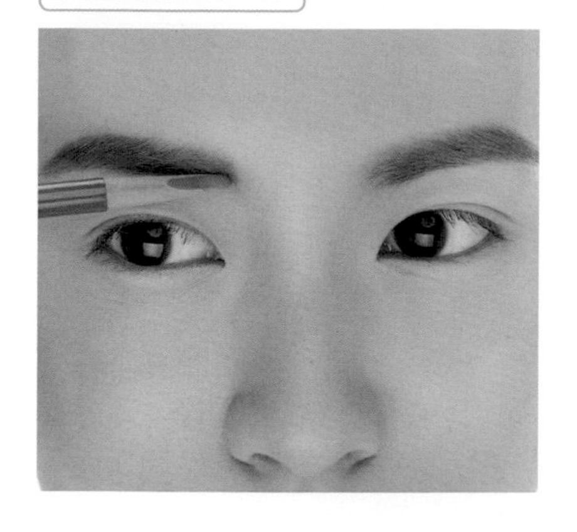

STEP 1

**以淺色畫眉頭&定出畫眉起點**：首先以眉梳將眉毛梳順，然後輕輕畫出眉頭，眉頭的顏色要自然，不可太濃太重，淺色的眉頭更能突顯眉尾的氣勢，並拉開兩眉間距離。不急著將眉峰拉高，配合髮色使用黑灰色或棕栗色眉筆，在眼珠內側上方作為起筆定點。

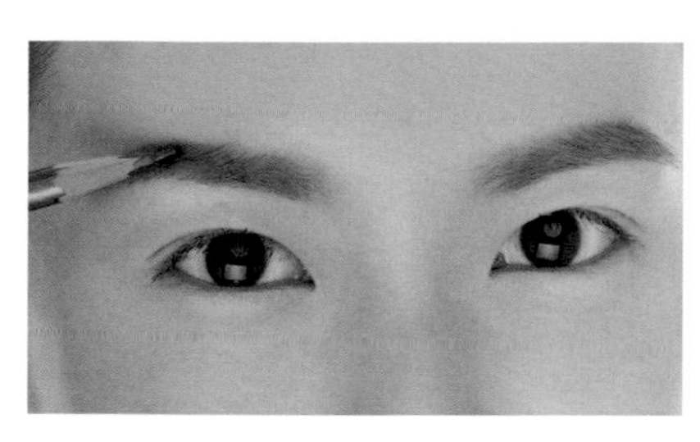

STEP 2

**再定出眉峰位置**：將眉峰位置固定在眼珠外側上方，把眉峰稍微挑高（比眉頭位置稍微拉高約0.5至0.8cm），眉峰高度可視個人喜好調整，但千萬不可太誇張。

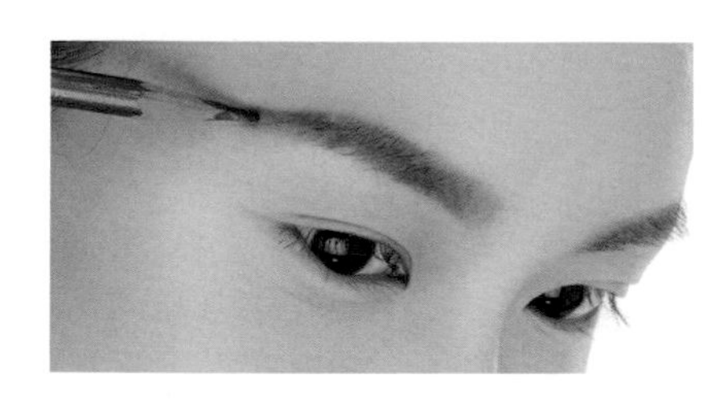

STEP 3

**眉尾要比眉頭高**：從眉峰畫至眉尾，眉尾位置一定要比眉頭高。

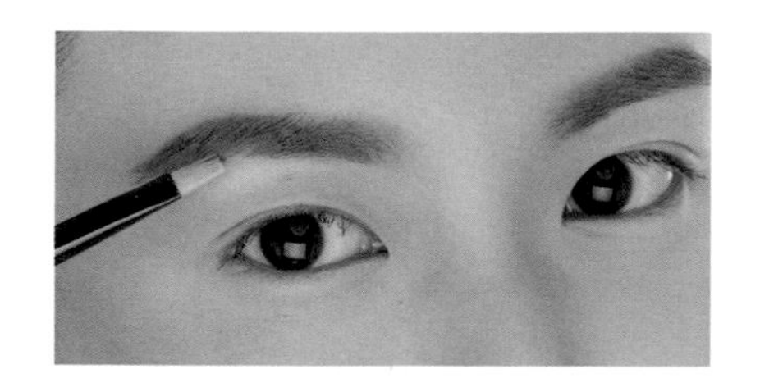

STEP 4

**打亮眉骨周圍**：以明采筆及亮白色眼影粉，從眉峰至眉尾下方的眉骨部位刷上較鮮明的色調，加強眉形提拉度，並在眉骨上方順著眉形也畫出明亮感，能創造出眉骨的提升感與眉毛周圍肌膚的緊緻度，使臉部有整體向上拉提、緊緻拉皮的效果。

## ✦技巧4 仿眼皮微整

開運關鍵

### • 開運部位

上眼皮。田宅宮。

### • 開運效果

畫出面相中最佳的女性眉——新月眉。新月眉的特色是沒有明顯的角度，以柔美為主，最重要的是眉眼間（田宅宮）一定要明淨。畫對了，有如眼皮注入自體脂肪、玻尿酸、膠原蛋白微整般，能瞬間讓眼神明亮，眉目間更顯年輕，且能創造和諧幸福美滿的家庭生活。

POINT

**盡量避免貼雙眼皮膠**

經常貼雙眼皮膠，甚至戴隱形眼鏡，都容易造成眼皮肌膚鬆弛，若非必要，應盡量避免，更要做好每日眼周肌膚的保養。

## 微整開運步驟

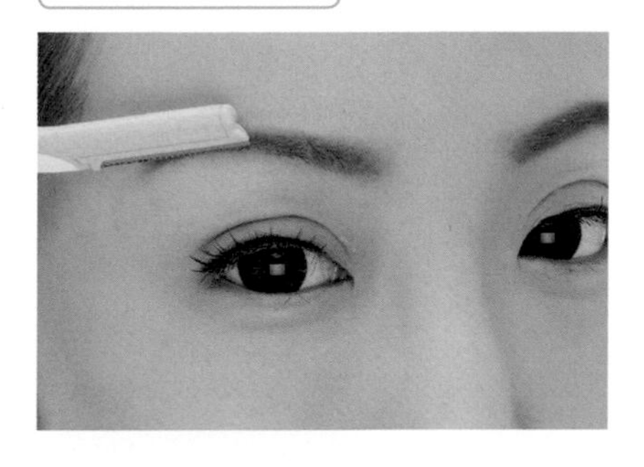

STEP 1

**完美飾眉眼標準間距**：以自己的食指為標準，眼睛平視時，眉眼之間應有一指寬的距離。不足一指寬時，可使用安全剃眉刀將眉眼間的雜毛修除，讓田宅宮部位保持潔淨。

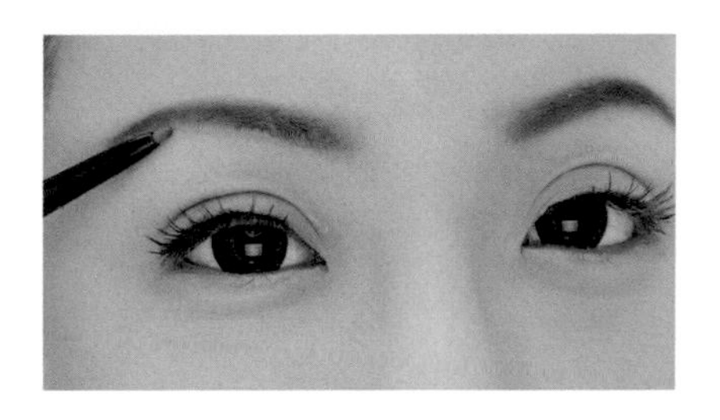

STEP 2

**畫出最完美的女性新月眉**：使用黑灰色或栗棕色眉筆，描繪出柔和的自然眉，畫的時候眉峰要帶有圓弧，且不可太濃或太淡。

STEP 3

**眉毛長度一定要超過眼尾**：畫眉尾時，眉毛長度一定要超過眼尾約0.3至0.5cm，但也不要畫得太長。同時要修整眉尾，讓眉尾有聚、不分叉散開。

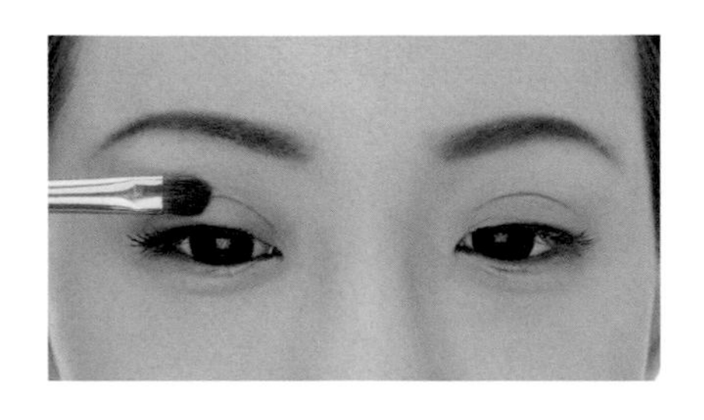

STEP 4

**選擇色澤明亮的眼影**：盡量選用高明度的淺色眼影，畫出淡淡的色彩層次即可，保持田宅宮部位的明亮與潔淨，且能改善眼部凹陷感。

## ✦技巧5 仿植眉微整

開運關鍵

### • 開運部位

兄弟宮、人際關係。

### • 開運效果

眉毛是臉部表情的最佳代言，沒有眉毛就像沒有表情，與人的應對進退之間，容易產生誤解，因而有損人際關係。畫對了眉毛，就像自然植眉般，有如重新賦予臉上豐富而明確的表情與肢體語言，能重新建立人際語言，開拓社交圈。

POINT

**植眉前請謹慎考慮**

若天天畫眉真的造成生活上的困擾，有斷眉或眉毛濃密度不足的人，可考慮選擇最新的自然植眉。若選擇傳統的繡眉或紋眉，應謹慎找尋專業老師，以免失敗了又要洗眉，傷及眉毛毛囊。

## 微整開運步驟

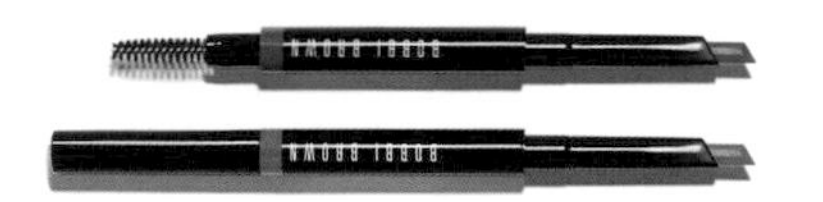


STEP 1

**選擇一款最好用的眉筆**：若眉毛稀疏、基本眉形不佳，請選擇一款最順手的眉筆直接描繪眉毛輪廓。可選用削式眉筆或筆芯較細、質地較硬的旋轉式眉筆。

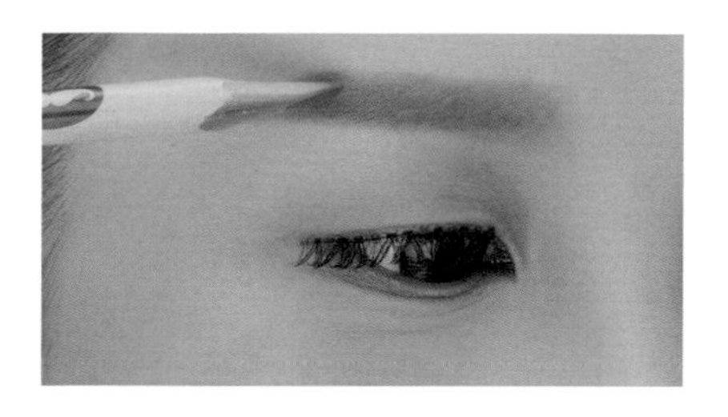

STEP 2

**一根根仔細畫眉**：以最接近東方人原本眉色的鐵灰色眉筆最佳，從眼珠內側上方的眉毛處起筆，順著毛流生長方向，一根一根慢慢描繪。

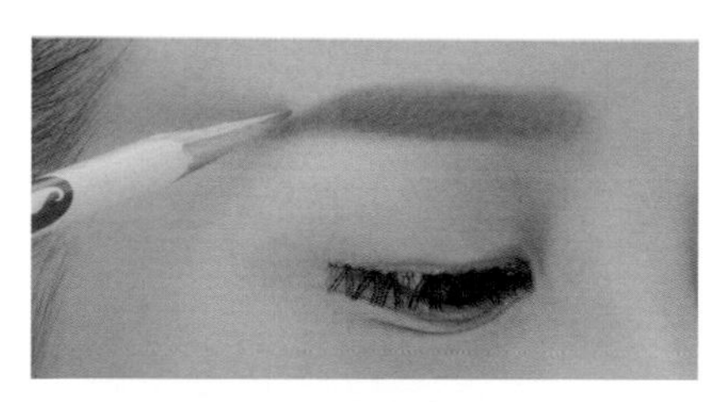

STEP 3

**畫出理想的眉形**：先找到眉峰（眼睛直視時，眼球外側的上方處），以帶圓弧感的方式，表現出性感溫柔。

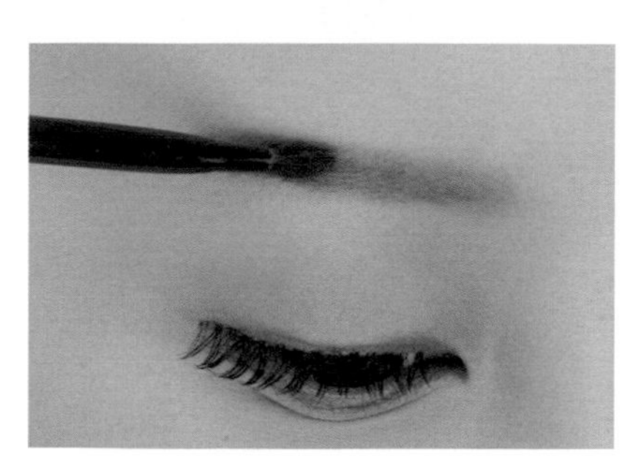

STEP 4

**加寬眉身與加長眉尾**：眉毛量不足、眉形太細的人，畫眉頭時可取眉筆由前往後加寬眉身，並加厚眉頭下方。畫眉尾時，眉尾可超過眼尾約0.3至0.5cm，眉尾要收淨，不可分叉或太粗。

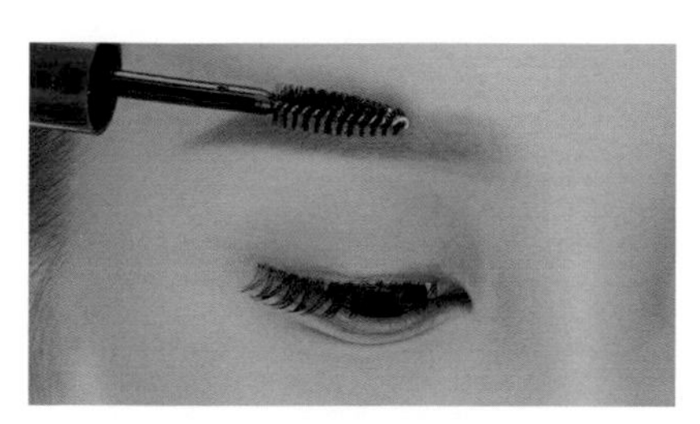

STEP 5

**以眉刷＋眉膠來定妝**：最後再以眉刷將眉毛梳順，若眉量較多，可以使用眉膠定型，看起來眉形較整潔立體，眉量不足的人，也會產生根根分明的效果。

## ✦技巧6 仿夫妻宮微整

開運關鍵

- **開運部位**

夫妻宮。感情生活。

- **開運效果**

以柔和眉為基礎，並打亮眉眼尾端的局部光彩，不僅能改變臉形的外在印象，也彷彿晶亮瓷、玻尿酸、自體脂肪等微整注射般，讓夫妻宮部位立刻膨起，能改變桃花戀情與人際磁場，有助婚姻感情生活幸福美滿。

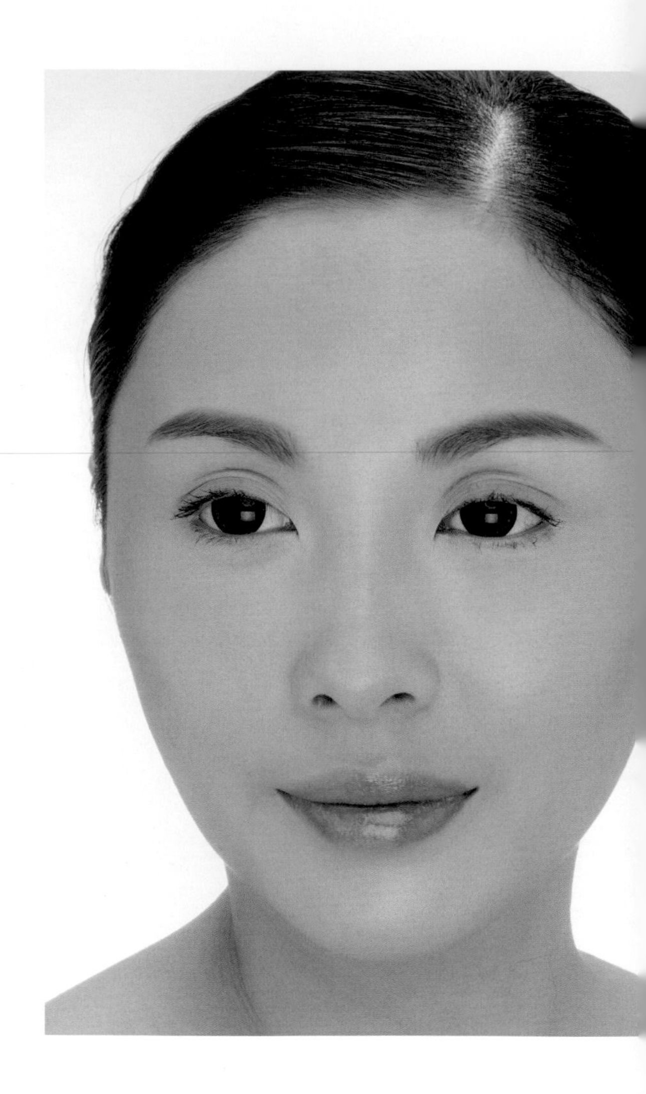

POINT

**夫妻宮微整可改變年齡印象**

隨著年齡增長，每個人的夫妻宮至天倉部位（太陽穴周圍）都會變得比較凹陷，除了影響臉形，使眼尾看起來更下垂，整體觀感也會變得比較沒精神。夫妻宮微整可改變年齡印象，讓人看起來變年輕，但彩妝更能改變夫妻宮的局部氣色，千萬別忘了每天擦亮氣色，帶來美滿幸福的生活。

## 微整開運步驟

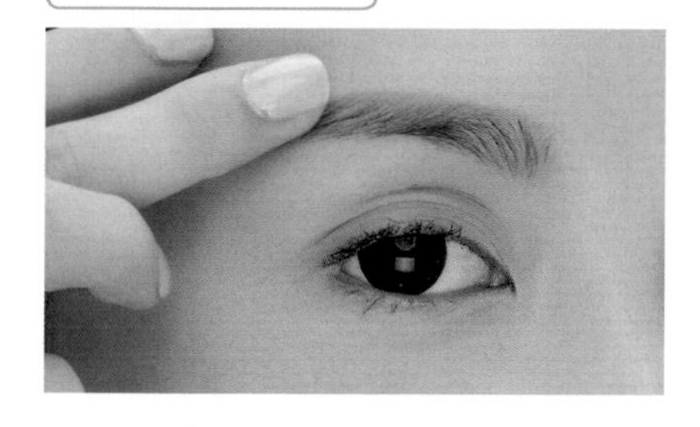

STEP 1

**順著眉棱骨畫眉：**畫眉前先以指腹輕觸，確實感覺到眉棱骨的位置與弧度，如此一來眉形才能確實畫在眉棱骨上。

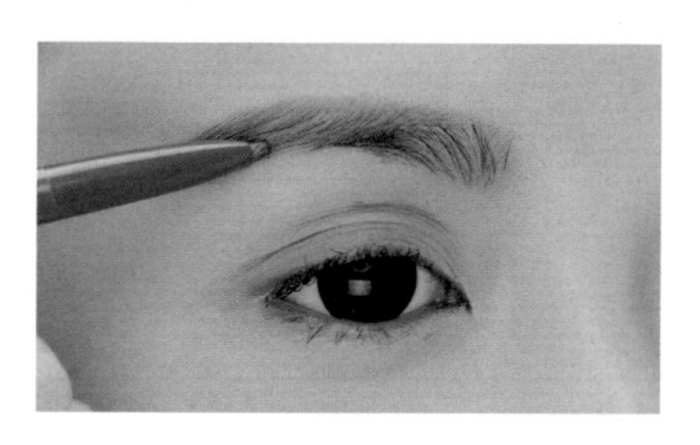

STEP 2

**眉形要清晰而柔美：**將眉峰定在眼珠外側的上方，眉峰一定要帶有圓弧柔美感。要以比較清楚的方式畫出眉峰的下底線，才會有清晰的眉形。

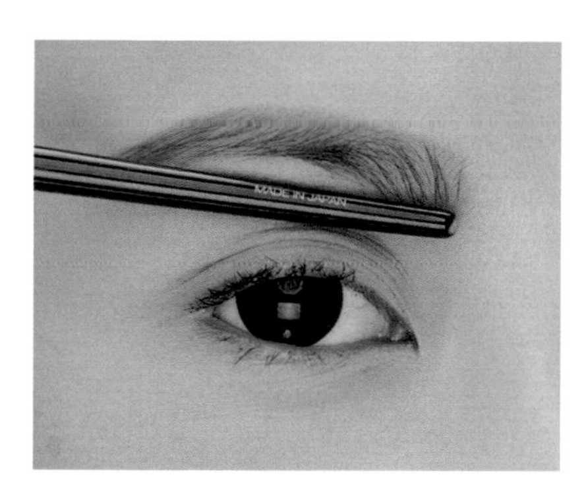


STEP 3

**眉尾不能低於眉頭：**畫眉尾時，可邊畫邊將眉刷打橫來丈量眉頭與眉尾的平衡，切記，眉頭和眉尾要在一條水平線上，看起來才有理智、有幫夫運。眉尾不可下垂，以免壓垮雙眼，感覺又累又老。

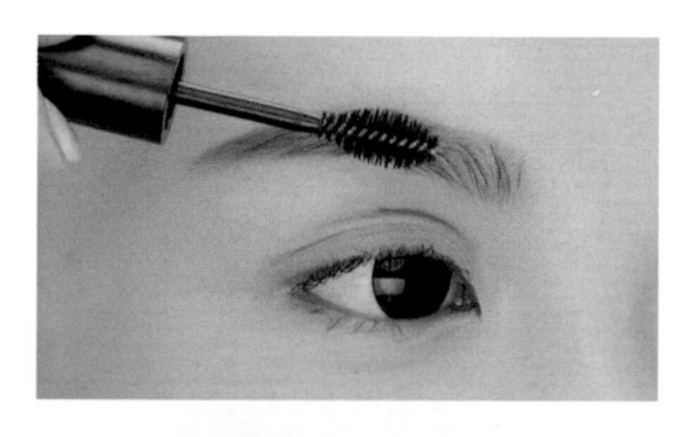

STEP 4

**以眉膠強調眉毛的立體感：**以透明眉膠或透明睫毛膏將眉毛毛流稍微上提梳順，強調眉毛的立體感，提拉眉形與臉形。

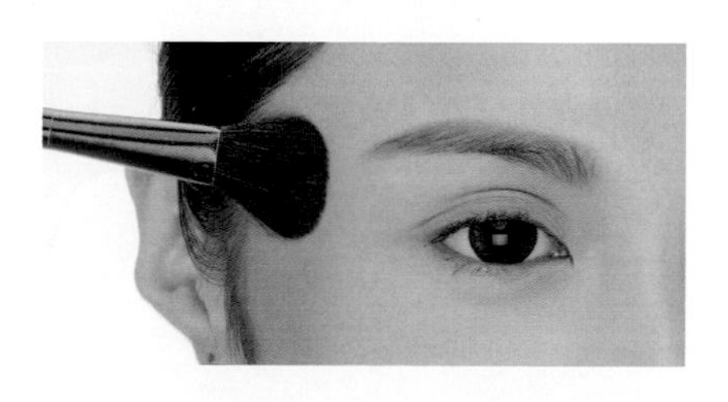

STEP 5

**來點桃花色彩：**最後在眼尾與眉尾部位的夫妻宮部位，輕輕以畫圓方式刷上淡粉紅色的腮紅。

臺鹽OEM【海洋美魔7膠原蛋白粉】
★ *Ocean Magic 7 Collagen* ★

## 專業

獨家專利二階段水解技術－胜肽專利製程生產，純化後再水解，二階段製程品質優良乾淨無雜質。(一般市面上膠原蛋白為一般水解)

## 純淨

選用養殖單一鯛類魚種之魚皮魚鱗製造，原料穩定新鮮無海洋汙染疑慮。
膠原原料粉末化"無使用賦型劑"，食用安心！
(一般市面上膠原蛋白皆添加大量"糊精")

## 便利

小巧包裝好攜帶，隨時隨地保養，不必攜帶超重的飲料瓶裝與粉末罐裝出門！一般膠原蛋白粉需加入飲品與食品中掩蓋腥味。
海洋美魔７無需費心加入飲品中因而額外吸收高熱量，甜蜜滋味單吃好入口。

## 安全

精選品牌、品質、品管最優良之官股企業【臺鹽】作為代工製造之合作夥伴。
讓消費者安心食用產品，不必擔憂產品成分標示與內容不符之問題。
SGS數百項檢驗通過+投保NT一億元高額產險。

## 超低卡

七種水果風味：對應七種機能配方，粉末細緻好入口、美味無腥味、黃金比例、天天營養均衡。
一包平均13.1大卡，美妍保養、輕鬆無負擔！

## 小分子

獨家專利二階段製程→膠原胜肽，高吸收率！
平均分子量一千多Dalton，吸收度UP！UP！
遠高於一般膠原蛋白！

## 飽足感

國際專利日本松谷膳食纖維添加，飽足感加倍，愛美人士宵夜新首選。

# 完美七大 活妍能量

## 七種水果風味 七種機能成分

超細分子、高吸收率、美味無腥味、低卡低熱量、飽足感增加

日本專利松谷纖維－促進腸道蠕動，增加飽足感
葡萄糖酸鋅－煥然一新，天天帶給你好氣色
維生素Ｃ－促進膠原蛋白生成
檸檬酸－促進體內新陳代謝
黃金蜆－調節生理機能使精神旺盛
蔓越莓－溫柔呵護女性，由內而外青春美麗
乳酸菌－幫助維持消化道機能，改變細菌叢生態
(採用日本三菱食品高端菌種)

草莓 紅石榴萃取物
水蜜桃 奈米珍珠粉
柳橙 黑醋栗萃取物
葡萄 葡萄籽萃取物
櫻桃 余甘子萃取物
百香果 番茄提取物
蔓越莓 N－乙醯基－D－葡萄糖胺

國家圖書館出版品預行編目資料

微整型開運彩妝 / 張鈺珠著. -- 初版. -- 新北市：
雅書堂文化, 2017.08
面； 公分. -- (Fashion guide美妝書；08)
ISBN 978-986-302-380-7(平裝)

1.化妝術 2.改運法

425.4 106012087

Fashion guide 美妝書 08

# 微整型開運彩妝

作　　者／張鈺珠
發 行 人／詹慶和
總 編 輯／蔡麗玲
執行編輯／李宛真
編　　輯／蔡毓玲・劉蕙寧・黃璟安・陳姿伶・李佳穎
執行美編／周盈汝
美術編輯／陳麗娜・韓欣恬
攝　　影／數位美學賴光煜

出版者／雅書堂文化事業有限公司
郵政劃撥帳號／18225950
戶名／雅書堂文化事業有限公司
地址／新北市板橋區板新路206號3樓
電子信箱／elegant.books@msa.hinet.net
電話／(02)8952-4078
傳真／(02)8952-4084

2017年08月初版一刷　定價 450 元